AF387478

Tim Feser

Untersuchungen zum Einlaufverhalten binärer α-Messinglegierungen unter Ölschmierung in Abhängigkeit des Zinkgehaltes

**Schriftenreihe
des Instituts für Angewandte Materialien**
Band 38

Karlsruher Institut für Technologie (KIT)
Institut für Angewandte Materialien (IAM)

Eine Übersicht aller bisher in dieser Schriftenreihe erschienenen Bände
finden Sie am Ende des Buches.

Untersuchungen zum Einlaufverhalten binärer α-Messinglegierungen unter Ölschmierung in Abhängigkeit des Zinkgehaltes

von
Tim Feser

Dissertation, Karlsruher Institut für Technologie (KIT)
Fakultät für Maschinenbau
Tag der mündlichen Prüfung: 28.März 2014

Impressum

Scientific
Publishing

Karlsruher Institut für Technologie (KIT)
KIT Scientific Publishing
Straße am Forum 2
D-76131 Karlsruhe

KIT Scientific Publishing is a registered trademark of Karlsruhe
Institute of Technology. Reprint using the book cover is not allowed.

www.ksp.kit.edu

Print on Demand 2014

ISSN 2192-9963
ISBN 978-3-7315-0224-1
DOI   10.5445/KSP/1000041146

Untersuchungen zum Einlaufverhalten binärer α-Messinglegierungen unter Ölschmierung in Abhängigkeit des Zinkgehaltes

Zur Erlangung des akademischen Grades

Doktor der Ingenieurwissenschaften

der Fakultät für Maschinenbau
Karlsruher Institut für Technologie (KIT)

genehmigte

Dissertation
von

Dipl.-Ing. Tim Feser

Tag der mündlichen Prüfung: 28.03.2014

Hauptreferent: Priv.-Doz. Dr. rer.nat. Martin Dienwiebel

Korreferent: Prof. Dr.-Ing. habil. Volker Schulze

Kurzfassung

Reibsysteme müssen heutzutage immer größeren technischen, ökologischen und ökonomischen Anforderungen bei gleichzeitig abnehmender Reibung und Verschleiß gerecht werden. Eine Möglichkeit dies zu erreichen ist, das Einlaufverhalten von tribologischen Systemen zu optimieren. Dies kann durch eine genaue Analyse der Mechanismen, die während eines Einlaufs stattfinden, erreicht werden. In der vorliegenden Arbeit wird das Einlaufverhalten von binären Messinglegierungen gegen 1.3505 (100Cr6) unter Ölschmierung im reversierenden Gleitkontakt untersucht. Die untersuchten Legierungen haben einen Zinkanteil von 5 bis 38 Masse-%. Das Schmiermittel war Polyalphaolefin 8. Die Versuche wurden auf einem *in-situ* Stift-auf-Platte-Tribometer durchgeführt, das die Topographie der Reibspur während des Reibversuchs aufzeichnet. Zusätzlich wurden *in-situ* Verschleißmessungen mit Hilfe der Radionuklidtechnik durchgeführt. Vor und nach den Reibversuchen wurden die Reibflächen mit Weißlichtinterferometrie, Lichtmikroskopie, Photoelektronenspektroskopie, Energiedispersiver Röntgenspektroskopie, einer Ionenfeinstrahlanlage und Härtemessungen analysiert und charakterisiert.

Die Ergebnisse zeigen, dass das Einlaufverhalten abhängig vom Zinkgehalt ist. Das beste Einlaufverhalten mit dem niedrigsten Reibwert und der geringsten Verschleißrate zeigt CuZn5. CuZn20 zeigt im untersuchten Lastbereich kein ausgeprägtes Einlaufverhalten, aber eine hohe Stabilität. Jede untersuchte Legierung weist einen spezifischen Druckbereich auf, in dem die Reibpartner einlaufen können. Es zeigen sich zwei Hauptmechanismen, die die Reibung und den Verschleiß dieses Reibsystems minimieren. Der erste ist die Anreicherung von Zinkoxid an der Oberfläche der Messinglegierungen. Diese Anreicherung sollte direkt an der Oberfläche im Bereich von 20 Atom-% liegen und eine Tiefe von 300 – 500 nm aufweisen. Der zweite Mechanismus ist die Bildung eines Kohlenstofffilms auf dem Stahlstift. Dieser verringert den Reibwert und verhindert die Ausbildung eines Transferfilms, der den Reibwert und Verschleiß in großem Maße erhöht.

Abstract

Nowadays friction systems have to deal with bigger technical, ecological and economic demands with at the same time decreasing friction and wear. A possibility to reach this is to optimize the running-in behavior of tribological systems. This can be achieved through a detailed analysis of the mechanisms which take place during running-in. In the present work, the running-in behavior of binary brass alloys sliding against 1.3505 (100Cr6) is examined under oil lubrication in reciprocating motion. The investigated alloys have a zinc content of 5-38 % by mass. The lubricant was polyalphaolefin 8. The experiments were performed on an *in-situ* pin-on-plate tribometer which records the topography of the wear track during the friction experiment. Additionally *in-situ* wear measurements with the radionuclide technique were performed. Before and after the friction tests the contact areas were characterized and analyzed by white light interferometry, optical microscopy, photoelectron spectroscopy, energy dispersive X-ray spectroscopy, focused ion beam analysis and hardness measurements.

The results show that the running-in behavior depends on the zinc content. It turns out that the best tribological performance (lowest friction coefficient and wear rate) occurs at a zinc concentration of 5%. The alloy with a zinc concentration of 20% shows the highest stability in the investigated load range. Each alloy shows a specific pressure range where a running-in can happen. There exist two main mechanisms which minimize the friction and wear of this friction system. The first is an enrichment of the concentration of zincoxide on the surface of the brass alloys. This enrichment should lie directly near the surface on the range of 20 atomic-% and a depth of 300-500 nm. The second mechanism is the formation of a carbon film on the surface of the steel pin. This reduces the friction and prevents the formation of a transfer film, which increases the coefficient of friction and wear to a great extent.

Vorwort

Die vorliegende Arbeit entstand in den Jahren 2010 bis 2013 während meiner Tätigkeit als wissenschaftlicher Mitarbeiter am Institut für Zuverlässigkeit von Bauteilen und Systemen (IAM-ZBS) am Karlsruher Institut für Technologie (KIT) im Rahmen des DFG geförderten Emmy-Noether-Programms Dynamics of metallic sliding surfaces (Projekt-Nr.: DI 1494/1-2).

Mein besonderer Dank gilt meinem Betreuer Herrn PD Dr. rer. nat. Martin Dienwiebel für seine Unterstützung und die Ermöglichung dieser Arbeit. Herrn Prof. Dr.-Ing. habil. Volker Schulze danke ich für das Interesse an dieser Arbeit und für die Übernahme des Korreferats.

Vielen Dank an meine beiden Zimmerkollegen Spyrridon Korres und Pantcho Stoyanov, die mir immer unmittelbar bei Fragen zur Verfügung standen. Dank geht auch an Herrn Prof. Dr.-Ing. Scherge für die fachlichen Diskussionen. Diego Marchetto, Eberhard Nold, Angelika Brink, Dominic Linsler, Andre Blockhaus, Bach Hue Quan, Christian Zwifka, Bashir Fakih und Roman Böttcher möchte ich ein herzliches Dankeschön aussprechen, da sie jederzeit sowohl fachlich als auch im privaten Bereich, herausragende Ansprechpartner waren und wir ein tolles Team gebildet haben. Und natürlich auch vielen Dank an die restlichen näheren Kollegen des μTC, IAM-ZBS und Fraunhofer IWM. Mit deren Interesse und Anteilnahme sowohl an der Arbeit als auch fachfremd, halfen sie mir, aus schwierigen Situationen zu finden und gestalteten ein freundschaftliches und angenehmes Arbeitsklima. Danke auch an Felix Mohr und Arne Dersein, die mit ihrer Arbeit wertvolle Erkenntnisse für diese Arbeit geliefert haben.

Besonders danken möchte ich auch meinen Eltern und meiner Familie, die mich beim Anfertigen dieser Arbeit sehr unterstützt und mir auch in schwierigen Zeiten Rückhalt gaben.

Inhaltsverzeichnis

Abbildungsverzeichnis

Tabellenverzeichnis

Formelzeichen

Zeichen	Einheit	Bedeutung
A_S	[mm²]	Eindruckoberfläche
E_A	[J]	Energie, die benötigt wird, um Elektron aus Elektronenhülle zu entfernen
E_B	[J]	Bindungsenergie
E_{kin}	[J]	Kinetische Energie
E_{kin}'	[J]	Elementspezifische kinetische Energie
m_e	[kg]	Masse eines Elektrons
ϕ_P	[eV]	Austrittsarbeit
A_r	[mm²]	Reale Kontaktfläche
$\tilde{E}$	[GPa]	Reduzierter Elastizitätsmodul
F_{hyd}	[N]	Hydrodynamische Kraft
F_N	[N]	Normalkraft
F_R	[N]	Reibkraft
F_V	[N]	Anteil der Normalkraft, der zu Verformung führt
N_K	[-]	Korngrenzenanzahl
N_i	[-]	Schnittlinienanzahl
P_R	[W]	Reibleistung
P_R'	[W/mm²]	Reibleistungsdichte
V_r	[nm³]	Verschleißvolumen
d_{KG}	[µm]	Mittlere Korngröße
k_{ab}	[-]	Faktor für Partikelbildung
k_{ad}	[-]	Faktor für Entstehung von Verschleißpartikeln
l_S	[µm]	Schnittlinienlänge
p_m	[Pa]	Kontaktdruck
τ_S	[N/mm²]	Scherfestigkeit
ΔE_{KL}	[J]	Frei werdende Energie durch Elektronenübergang
Δh	[µm]	Höhenunterschied
$\Delta \varphi$	[rad]	Phasenunterschied
μ	[-]	Reibkoeffizient
e	[C]	Ladung eines Elektrons
h	[mm]	Höhe, Schmierfilmdicke
$h\omega$	[J]	Energie der Röntgenstrahlung
n	[-]	Brechungsindex
V	[V]	Beschleunigungsspannung

Λ	[m]	Synthetische Wellenlänge
B	[mm]	Breite Schmierspalt
E	[GPa]	Elastizitätsmodul
H	[N/m²]	Härte
HM	[N/mm²]	Martenshärte
K	[-]	Keilparameter
M	[-]	Vergrößerungsmaßstab
T	[°C]	Temperatur
W	[-]	Tragfähigkeit
W	[mm³]	Volumetrischer Verschleiß
p	[Pa]	Druck
r	[µm]	Mittlere Radius Rauheitsspitzen
s	[mm]	Gleitweg
t	[s]	Zeit
v	[-]	Poissonzahl
λ	[m]	Wellenlänge
ψ	[-]	Plastizitätsindex

Abkürzungsverzeichnis

μTC	MikroTribologie Centrum
AES	Augerelektronenspektroskopie
AFM	Rasterkraftmikroskop (Atomic force microscopy)
C	Kohlenstoff
CH_x	Kohlenwasserstoff
Cr	Chrom
Cu	Kupfer
CuZn5	Binäres Messing mit 5 Masse-% Zinkanteil
CuZn10	Binäres Messing mit 10 Masse-% Zinkanteil
CuZn15	Binäres Messing mit 15 Masse-% Zinkanteil
CuZn20	Binäres Messing mit 20 Masse-% Zinkanteil
CuZn36	Binäres Messing mit 36 Masse-% Zinkanteil
DHM	Digitales Holographiemikroskop
EDX	Energiedispersive Röntgenspektroskopie (energy dispersive X-Ray spectroscopy)
EHD	Elastohydrodynamik
E-Modul	Elastizitäsmodul
Fe	Eisen
FIB	Ionenfeinstrahlanlage (Focused Ion Beam)
H	Wasserstoff
HD	Hydrodynamik
HIT	Eindringhärte
HM	Martenshärte
HV	Vickershärte
IAM-ZBS	Institut für Angewandte Materialien – Zuverlässigkeit von Bauteilen und Systemen
IWM	Fraunhofer Institut für Werkstoffmechanik
Kfz	Kubisch flächenzentriert
KIT	Karlsruher Institut für Technologie
KMA	Konzentrationsmessanlage
Krz	Kubisch raumzentriert
Mn	Mangan
Ni	Nickel
O	Sauerstoff
PAO-8	Polyalphaolefin 8
REM	Rasterelektronenmikroskop

RMA   Referenzmessanlage
RNT   Radionuklidtechnik
Si   Silizium
UHV   Ultrahochvakuum
w   Verschleiß (wear)
WLI   Weißlichtinterferometer
XPS   Röntgenphotoelektronenspektroskopie (X-ray Photo-electron Spectroscopy)
Zn   Zink
ZnO   Zinkoxid

1 Einleitung

Diese Arbeit beschäftigt sich mit grundlegenden Untersuchungen zum Einlaufverhalten metallischer Kontakte unter Ölschmierung. Die verwendeten Werkstoffe für die Platte sind binäre α-Messinglegierungen und für den Stift 1.3505 (100Cr6). Bei dem verwendeten Öl handelt es sich um ein Polyalphaolefin. Die Versuche wurden an einem speziellen Tribometer durchgeführt, das es ermöglicht, die Topographieveränderung der Oberfläche der Messingplatten *in-situ* zu beobachten. Die Arbeit wurde am MikroTribologie Centrum (μTC), einer Kooperation des Fraunhofer Instituts für Werkstoffmechanik (IWM) und des Instituts für Angewandte Materialien – Zuverlässigkeit von Bauteilen und Systemen (IAM-ZBS) des Karlsruher Instituts für Technologie (KIT), am Standort Pfinztal-Berghausen durchgeführt.

1.1 Motivation

Heutzutage ist Energieeinsparung nicht nur im Ingenieurwesen ein wichtiges und vielbeachtetes Thema. Zum einen wegen der immer knapper werdenden Energieressourcen und damit steigenden Energiepreisen, zum anderen fällt der Umweltschutz immer mehr ins Gewicht. Von der Europäischen Union wurde 2011 eine Richtlinie verabschiedet, die vorsieht, den Energieverbrauch bis 2020 um 20 % zu senken [Europa 2011]. Daher ist Reibung in vielen technischen Systemen unerwünscht, da sie zu Energieverlusten führt. Durch Reibung wird kinetische Energie unter anderem in unerwünschte Hitze umgewandelt [Klamecki 1980; Uetz 1978; Heinicke 1984]. Ein 4-Takt-Ottomotor inklusive der angetriebenen Hilfsaggregate weist beispielsweise mechanische Verluste von 9,8 % der eingesetzten Kraftstoffenergie auf [Basshuysen 2010]. Neben der Reibung ist auch der Verschleiß ein wichtiger und limitierender Faktor in technischen Systemen. Als ein Beispiel wäre hier das Downsizing in der Motorentechnik zu erwähnen, das zu erhöhten mechanischen und thermischen Belastungen der Werkstoffe und damit zu mehr Verschleiß führt [Kolbenschmitt 2011]. Diese unerwünschten Stoffverluste verringern die Lebensdauer eines tribologischen Systems und können schlimmstenfalls zu einem kritischen Versagen führen [Czichos 2010]. Sind diese zu groß, muss das technische System überholt oder ersetzt werden, dadurch entstehen Wartungs-, Material- und Personalkosten. Eine weitere Verordnung der Europäischen Union beinhaltet die Bleifreiheit von Lagerschalen und Buchsen in Motoren und Getrieben ab 01.07.2011. Diese Buchsen von Gleitlagern bestehen meist aus Messing- oder Bronzelegierungen, die mit Blei legiert sind [Bögra 2010]. Aufgrund dieser Verordnung muß nun eine Umstellung auf bleifreie Messing- und Bronzegleitlager erfolgen. Deshalb besteht erhöhter Forschungsbedarf an den tribologischen Eigenschaften von bleifreien Messing- und Bronzelegierungen.

Eine Möglichkeit, die Reibverluste und den Verschleiß zu minimieren, ist ein System „einlaufen" zu lassen. Ein optimierter Einlauf führt zu einer starken Verringerung des Reibwertes, des Verschleißes und erhöht die Stabilität eines Systems. Untersuchungen von Kehrwald [Kehrwald 1998] haben gezeigt, dass ein System mit angepasster Einlaufprozedur eine um mindestens 40 % erhöhte Lebensdauer aufweist. Dieser Einlauf ist ein sehr komplexer Vorgang, da er von vielen Faktoren, wie z.B. Werkstoffkombination, Öl, Flächenpressung, Geschwindigkeit, Temperatur usw., abhängig ist. In der Vergangenheit wurde empirisch an dieses Einlaufproblem herangegangen. In der näheren Vergangenheit wird nun vermehrt versucht, einen wissenschaftlichen Lösungsansatz dieses Problems zu finden. Trotz einer Vielzahl an Untersuchungen ist der Einlaufprozess immer noch nicht vollständig verstanden und ein allgemeines Verständnis für die wirkenden Mechanismen fehlt [Dienwiebel 2007; Blau 2005; Shirong 1999].

1.2 Zielsetzung

Das Ziel dieser Arbeit ist es, die Mechanismen und die Parameter des Einlaufverhaltens des Reibystems binärer α-Messinglegierungen gegen 1.3505 Stahl unter Ölschmierung besser verstehen zu können. Hierzu werden gut und schlecht eingelaufene Reibversuche verschiedener binärer Messinglegierungen miteinander verglichen. Um dies zu erreichen, wird der Zusammenhang zwischen den tribologischen Eigenschaften, der oberflächennahen veränderten Schicht und der Topographieentwicklung hergestellt. Es werden *in-situ* Aufnahmen des Reibwertes, des Verschleißes und der Topographie durchgeführt. Diese *in-situ* Messungen werden mit Hilfe eines neuartigen on-line Tribometers ermöglicht, das von Korres et al. [Korres 2010] entworfen und im Rahmen dieser Arbeit weiterentwickelt wurde. Die Topographiemessungen werden mit einem digitalen Holografiemikroskop durchgeführt. Die Verschleißwerte werden mit Hilfe von Radionuklidtechnik ermittelt. Im Anschluss an die Experimente werden *ex-situ* begleitende und ergänzende Analysen realisiert. Mit Hilfe von Mikrohärtemessungen und einer Ionenfeinstrahlanlage (FIB) werden Erkenntnisse über die Mikrostruktur erreicht. Mikrosonde, Röntgenphotoelektronenspektroskopie (XPS) und energiedispersive Röntgenspektroskopie (EDX) liefern Ergebnisse zur chemischen Zusammensetzung und Verteilung der Elemente. Weißlichtinterferometrie und Konfokalmikroskopie erweitern die Erkenntnisse zum Verschleiß und der Oberflächentopographie. Die Gesamtheit der ermittelten Daten wird in einer Diskussion miteinander verglichen und interpretiert. Dies führt zu einem Modell, das das Einlaufverhalten der binären Messinglegierungen charakterisiert und beschreibt.

2 Grundlagen

2.1 Tribologie

Der Begriff Tribologie wurde von dem griechischen Wort „τριβω", das reiben bedeutet, abgeleitet. Die wissenschaftliche Auseinandersetzung mit diesem Thema startete wahrscheinlich 1508 mit den ersten Untersuchungen von Leonardo da Vinci. Eine Definition des Begriffes wurde hingegen erst 1966 im „jost report" eingeführt [Bartz 1988]. Die Tribologie ist nach Zum Gahr [GFT 2002; Zum Gahr 1992] die Wissenschaft und Technik von aufeinanderwirkenden Oberflächen, die sich in Relativbewegung zueinander befinden und die damit verbundenen Vorgänge. Die Tribologie setzt sich aus den Gebieten Reibung, Verschleiß, Schmierung und Grenzflächenwechselwirkung von Festkörpern, Flüssigkeiten und Gasen zusammen. Um die tribologischen Vorgänge analysieren und verstehen zu können, muss die Gesamtheit aller beteiligten Werkstoffe und Parameter betrachtet werden. Ein tribologisches System (auch Tribosystem) ist in Abbildung 2.1 dargestellt.

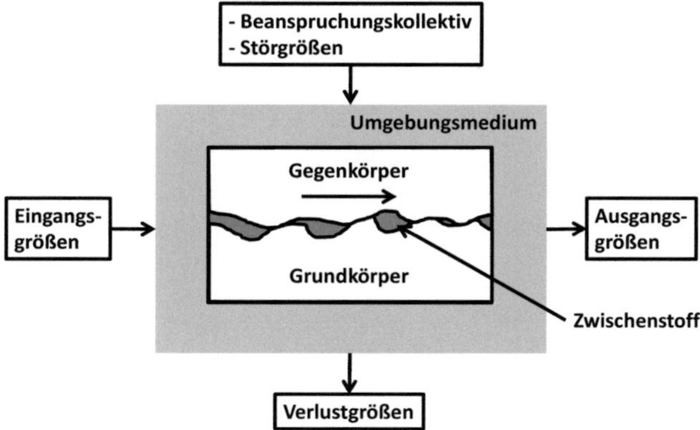

Abbildung 2.1

Schematische Darstellung eines tribologischen Systems, nach [GFT 2002].

Vereinfacht betrachtet umfasst es den Grundkörper, Gegenkörper, Zwischenstoff und ein Umgebungsmedium. Auf dieses System wirken Eingangsgrößen in Form eines Beanspruchungskollektivs. Dieses Kollektiv umfasst hauptsächlich die Bewegungsform (z.B. kontinuierlich oder intermittierend), die Bewegungsart (z.B. Gleiten, Wälzen, Stoßen), Geschwindigkeit, Temperatur, Verlauf von Dauer und Belastung. Hinzu kommen weitere Störgrößen wie Temperaturschwankungen, Luftfeuchtigkeit usw. Die Verlustgrößen sind beispielsweise Reibung, Verschleiß, Werkstoffveränderung und Energie. Aufgrund der Wechselwirkungen dieser Komponenten ist das Systemverhalten dynamisch und daher ständigen Änderungen unterworfen [Pigors 1993].

2.2 Reibung im geschmierten System

Reibung und Verschleiß können durch die Anwendung von Schmierstoffen verringert werden. Es gibt in geschmierten Systemen unterschiedliche Schmierungs- und Reibungszustände. Diese sind abhängig von der Belastung, der Geschwindigkeit, der Schmierstoffviskosität, der Anordnung und Gestalt der Reibpartner und der Oberflächengeometrie. In einem geschmierten System können grundsätzlich fünf Reibungsformen auftreten, diese sind die Festkörper-, Grenz-, Misch-, elastohydrodynamische und hydrodynamische Reibung [Czichos 2010]. Die verschiedenen Reibungszustände lassen sich mit einer Stribeckkurve [Stribeck 1902] darstellen (Abbildung 2.2). Dabei ist die Reibungszahl μ eine Funktion der Schmierstoffviskosität η, der Gleitgeschwindigkeit v und der Pressung p. Im Folgenden werden die verschiedenen Reibungsformen näher erläutert.

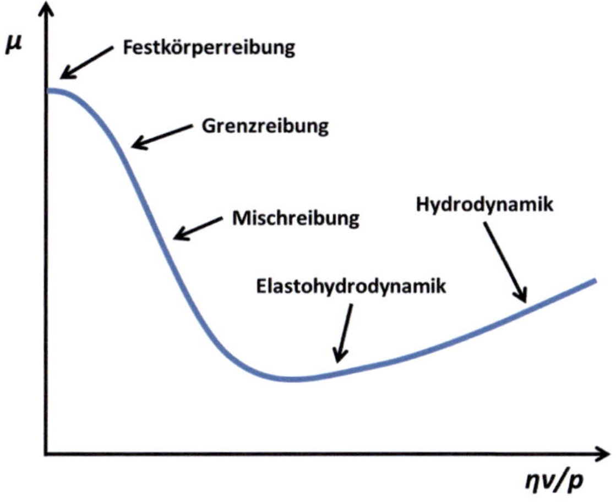

Abbildung 2.2

Schematische Darstellung der Stribeckkurve mit den auftretenden Reibungsformen, nach [Czichos 2010].

2.2.1 Festkörperreibung

Reine Festkörperreibung tritt auf, wenn keinerlei Reaktions- und Schmierstoffschichten zwischen den beiden Reibkörpern vorhanden sind. Der Reibkontakt findet direkt am Festkörper statt [Pigors 1993]. Es wurde schon sehr früh von da Vinci (1508), Amonton (1699) und Coulomb (1778) versucht diese Reibungsart zu untersuchen. Da sie kein Vakuum zur Verfügung hatten, das die Bildung von Adsorbat und Reaktionsschichten verhindert, konnten sie genau genommen keine reinen Oberflächen untersuchen. Sie gingen von der Annahme aus, dass die Rauheit der Oberfläche aus starren Unebenheiten besteht und diese sich miteinander verhaken. Sie fanden heraus, dass die Reibungskraft F_R proportional zur Normalkraft F_N ist. Dieses Verhältnis wird Reibungszahl μ genannt:

$$\mu = \frac{F_R}{F_N} \tag{2.1}$$

Bowden und Tabor [Bowden 1959] kamen zu der Erkenntnis, dass speziell bei geringer Rauheit der Oberfläche eine Wechselwirkung zwischen den Molekülen beider Oberflächen stattfindet und Schweißbrücken infolge von Adhäsion gebildet und wieder getrennt werden. Nach ihrer Theorie ist für die Bildung dieser Schweißbrücken die Scherfestigkeit τ_S des weicheren Reibkörpers und der Kontaktdruck p_m, der die reale Kontaktfläche A_r bestimmt, entscheidend:

$$F_R = \tau_S A_r \tag{2.2}$$

$$F_N = p_m A_r \tag{2.3}$$

Daraus folgt mit (2.1):

$$\mu = \frac{\tau_S A_r}{p_m A_r} = \frac{\tau_S}{p_m} \tag{2.4}$$

Die reale Kontaktfläche muss mikroskopisch betrachtet werden. Dabei ist A_r die Summe aller Mikrokontakte:

$$A_r = \sum_{i=1}^{n} A_{r,n} \tag{2.5}$$

Eine Reihe weiterführender Analysen [Archard 1986; Bhushan 1997; Rapoport 2009] dieser Zusammenhänge führt zu der Erkenntnis, dass die Reibkraft proportional zur realen Kontaktfläche A_r ist. Steigt die Normalkraft, nimmt auch die Zahl der Mikrokontakte zu. Sie kamen zum Schluss, dass A_r ungefähr proportional zur Normalkraft ist. Der Exponent m ist abhängig von elastischer oder elastisch-plastischer Verformung der Rauheiten [Greenwood 1966]:

$$A_r \propto F_N^m \tag{2.6}$$

Nach Greenwood und Williamson kann abgeschätzt werden, ob die Rauheiten während der Reibbelastung elastisch oder plastisch verformt werden. Dazu leiteten sie eine Formel zur Berechnung des Plastizitätsindex ψ her. Dieser ist abhängig vom reduzierten E-Modul $\tilde{E}$, der aus den E-Modulen und Poissonzahlen v der beiden Reibkörper berechnet wird, der Härte H, der Standardabweichung der Höhe R_q und dem mittleren Radius der Rauheitshügel r [Greenwood 1966]:

$$\frac{1}{\tilde{E}} = \frac{1}{2}\left(\frac{1-v_1^2}{E_1} + \frac{1-v_2^2}{E_2}\right) \tag{2.7}$$

$$\psi = \frac{\tilde{E}}{H}\sqrt{\frac{R_q}{r}} \tag{2.8}$$

Bei einem Plastizitätsindex >1 werden die Mikrokontakte plastisch deformiert, bei Werten <0,6 elastisch. Die reale Kontaktfläche A_r für rauhe, ebene Kontaktflächen ergibt sich nach Greenwood und Williamson zu [Greenwood 1966]:

$$A_r = \pi A S_{RS}\frac{1}{R_S}S_q F_t \frac{h}{S_q} \tag{2.9}$$

Dabei weisen alle Rauheitsspitzen die gleiche Dichte S_{RS} und den gleichen Radius R_S auf. Die Größe der Reibungskraft hängt dabei von den ablaufenden Prozessen in den Mikrokontakten ab. Das sind nach [Czichos 2010] die Furchung, das Abscheren von Adhäsionsbrücken, plastische Verformung und elastische Hysterese.

Eine weitere Möglichkeit, raue Oberflächen zu beschreiben, ist mit Hilfe der fraktalen Dimension möglich. Sie wird häufig genutzt, um kontaktmechanische Berechnungen durchzuführen [Warren 1995, Majumdar 1990, Komvopoulos 2001]. Persson hat in zahlreichen Publikationen wesentlich zur Weiterentwicklung dieser Betrachtungsweise beigetragen [Persson 2002a, Persson 2002b, Persson 2005]. Die meisten natürlichen und technischen Oberflächen sind selbstaffin. Das bedeutet, dass eine Vergrößerung einer Oberfläche ähnlich aussieht wie die Oberfläche bei der ursprünglichen Vergrößerung selbst. Dies kann folgendermaßen ausgedrückt werden:

$z = \lambda^H h(x/\lambda, y/\lambda)$ sieht aus wie: $z = h(x, y)$. Dies besagt, dass bei einer selbstaffinen Oberfläche die statistischen Eigenschaften unter einer Skalentransformation invariant bleiben. Sind die Oberflächen selbstaffin, ist das Leistungsspektrum:

$$C(q) \propto q^{-2(H+1)} \tag{2.10}$$

Der Hurst-Exponent H charakterisiert den Unterschied der Skalierungsfaktoren für den Unterschied der Transformation in senkrechter und lateraler Richtung und q steht für den Wellenvektor. Dieses Potenzgesetz gilt nur in einem bestimmten Wellenzahlbereich von $q_0 < q < q_1$. Unterhalb von q_0 ist das Leistungsspektrum konstant. Persson beschreibt die Kontaktmechanik mit Hilfe der fraktalen Beschreibungsweise der Oberflächen. Für seine Beschreibungen benötigt er lediglich das Leistungsspektrum $C(q)$ als Eingangsgröße. Bei dieser Betrachtungsweise hängt dann die beobachtete reale Kontaktfläche ausschließlich von der Vergrößerung ab (siehe Formel (2.5)).

Greenwood und Williamson gehen von einer statistischen Verteilung von Asperiten aus. Sie vernachlässsigen die Wechselwirkung zwischen ihnen. Bei dieser Betrachtungsweise ist dann die Kontaktfläche die Summe der Teilkontaktflächen der Asperiten. Persson hingegen benutzt das Skalierungsverhalten der Oberflächen, um die Kontaktfläche zu beschreiben.

2.2.2 Grenzreibung

Die Grenzreibung ist ein spezieller Fall der Festkörperreibung. Wenn die Beanspruchungsbedingungen im ölgeschmierten Reibkontakt keine Bildung von hydrodynamischen oder elastohydrodynamischen Reibfilmen zulassen, spricht man von Grenzreibung. Ursachen sind meist eine zu hohe Flächenpressung oder zu geringe Geschwindigkeit. Die Reibflächen sind hierbei mit einer Adsorptionsschicht aus Molekülen des Schmierstoffes bedeckt. Die Bildung dieser Schicht beruht auf Physisorption, Chemisorption, einer tribochemischen Reaktion oder einer Kombination. Dabei erfolgt die Scherung bei einer Relativbewegung nicht nur innerhalb der Mikrokontakte, sondern auch in der Adsorptionsschicht [Czichos 2010].

2.2.3 Mischreibung

In tribologischen Systemen ist eine reine Flüssigkeitsreibung häufig nicht darzustellen. Deshalb kann es bei z.B. direktionaler Versuchsführung an den Umkehrpunkten zu Mischreibungszuständen kommen. Man spricht davon, wenn ein Schmierfilm zwischen zwei Reibpartnern vorhanden ist und örtlich von Rauheitsspitzen durchbrochen wird. Zur Charakterisierung der Mischreibung führte Vogelpohl [Vogelpohl 1958] den hydrodynamischen Traganteil $\frac{F_{hyd}}{F_N}$ und den Festkörpertraganteil $\frac{F_V}{F_N}$ ein. Der Anteil der Normalkraft, der zur Verformung der Rauheiten führt, ist die Kraft F_V. Daraus ergibt sich für die Reibzahl μ:

$$\mu = \mu_{Festk} \frac{F_V}{F_N} + \mu_{hyd} \frac{F_{hyd}}{F_N} \qquad (2.11)$$

2.2.4 Elastohydrodynamische Reibung

Elastohydrodynamische Reibung entsteht, wenn ein in der Regel dünner Schmierfilm die beiden Reibpartner voneinander trennt und ein hoher Druck im Reibspalt vorherrscht. Diese Reibungsart wird hauptsächlich von der elastischen Deformation der Reibkörper und der Zunahme der Viskosität und Dichte des Öls unter steigendem Druck bestimmt. Diese Verhältnisse sind in hochbelasteten Reibkontakten zu finden. Veröffentlichte Untersuchungen zeigen, dass die EHD die Lebensdauer von tribologisch hochbelasteten Systemen maßgeblich beeinflusst [Lui 1975]. Detaillierte mathematische Ausführungen sind in [Czichos 2010] zu finden.

2.2.5 Hydrodynamische Reibung

Bei der hydrodynamischen Reibung wird durch die Relativbewegung der beiden Reibkörper durch einen konvergenten Spalt ein Druck im Schmiermedium erzeugt. Dieser trennt die beiden Reibkörper vollständig voneinander. Diese Reibungsart ist reibungs- und verschleißarm. 1886 wurde von Reynolds eine Theorie zur Beschreibung dieses Verhaltens entwickelt [Reynolds 1886]. Die Druckverteilung p in einem Schmierspalt mit der Höhe h kann mit der dreidimensionalen Reynolds-Differentialgleichung beschrieben werden [Stachowiak 2005]. In dieser Gleichung sind die Trägheits- und Volumenkräfte vernachlässigt. Die Randbedingungen sind glatte Wirkflächen, laminare Strömung und ein Newton´sches Verhalten des Schmiermittels:

$$\frac{\partial}{\partial x}\left(\frac{h^3}{\eta}\frac{\partial p}{\partial x}\right) + \frac{\partial}{\partial y}\left(\frac{h^3}{\eta}\frac{\partial p}{\partial y}\right) = 6\left(U\frac{\partial h}{\partial x} + V\frac{\partial h}{\partial y}\right) + 12(w_2 - w_1) \qquad (2.12)$$

Eine schematische Darstellung der Strömungsverhältnisse in einem Keilspalt ist in Abbildung 2.3 zu sehen.

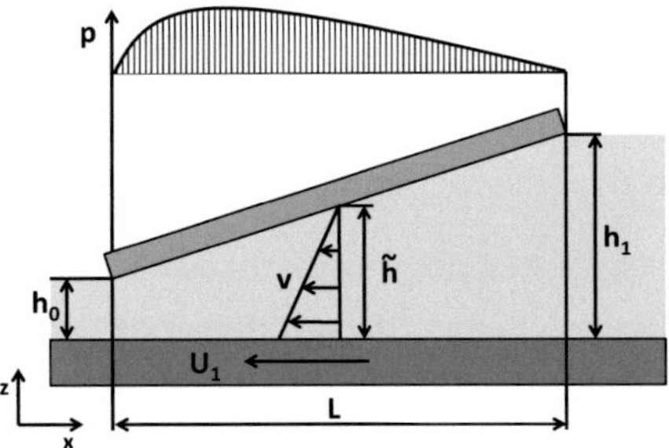

Abbildung 2.3

Schematische Abbildung eines eindimensionalen Keilspalts nach [Stachowiak 2005].

Für eine vereinfachte Betrachtungsweise der Strömungsverhältnisse in einem Keilspalt können die Strömungen in Y- und Z-Richtung vernachlässigt werden. Für den interessierten Leser sind weiter detaillierte Informationen zur hydrodynamischen Reibung aus [Stachowiak 2005] zu entnehmen.

2.3 Verschleiß

Verschleiß ist nach der klassischen Betrachtungsweise der fortschreitende Materialverlust aus der Oberfläche eines festen Reibkörpers aufgrund von tribologischer Beanspruchung [GFT 2002]. In einem Tribosystem finden Verschleißvorgänge statt, die auf physikalische und chemische Prozesse zurückzuführen sind. Die Gesamtheit dieser Prozesse werden als Verschleißmechanismen bezeichnet [Czichos 2010]. Die wichtigsten grundlegenden Verschleißmechanismen für metallische Werkstoffe werden im Folgenden näher erläutert [Sommer 2010].

2.3.1 Adhäsion

Technische Oberflächen sind nie ideal glatt, daher erfolgt die Kraftübertragung lokal an einzelnen Kontaktstellen. In diesen Kontaktstellen findet eine elastisch-plastische Verformung statt, die durch Normal- und Schubbeanspruchungen entstehen. Diese Verformung führt zu einer Zerstörung der Reaktions- und Adsorptionsschichten. Dadurch entstehen metallisch blanke Bereiche, die im Kontakt atomare Bindungen mit dem Gegenkörper eingehen können. Dieser Effekt der lokalen Mikroverschweißungen wird Adhäsion bezeichnet und ist hauptsächlich in ungeschmierten Kontakten im Vakuum zu beobachten. Es existieren auch Adhäsionseffekte unter geschmierten Bedingungen, wenn der Schmierfilm oder die dadurch gebildete Adsorbatschicht durchbrochen wird. Findet eine Trennung dieser Verbindungen statt, entsteht meist ein Werkstoffübertrag vom härteren zum weicheren Material [Czichos 2010], der zu Verschleiß führt. Starker Verschleiß ist bei mehrfachen Übergleitungen durch Hin- und Rückübertragung zu beobachten. Typische Merkmale der Adhäsion sind Vertiefungen, oberflächennahe Risse, Gefügeänderung und Werkstoffübertrag. Um dieses Phänomen zu beschreiben, hat Archard 1966 [Archard 1966] ein relativ simples Modell entwickelt:

$$W = k_{ad} \cdot \frac{F_N}{H} \cdot s \qquad (2.13)$$

Wobei W der Volumetrische Verschleiß, F_N die Normalkraft, s der Gleitweg und H die Härte des weicheren Reibpartners ist. k_{ad} ist ein Faktor für die Wahrscheinlichkeit der Entstehung von Verschleißpartikeln.

Adhäsion lässt sich durch Bildung von Reaktionsschichten oder durch einen trennenden Schmierfilm verringern. Eine weitere Möglichkeit besteht darin, Werkstoffe mit unterschiedlicher Gitterstruktur zu kombinieren [Habig 1980]. Paarungen, bestehend aus kfz Metallen, haben eine höhere Adhäsionsneigung als Paarungen aus krz oder hexagonalen Metallen [Sikorski 1964].

2.3.2 Abrasion

Bei der Abrasion ist das Eindringen eines härteren Körpers in einen weicheren der Hauptmechanismus. Dies kann bei einem Reibkontakt in Form von Rauheitsspitzen oder verfestigten Verschleißpartikeln geschehen. Bei duktilen Werkstoffen sind dies meist Mikrozerspanungs- und/oder Mikroverformungsprozesse. Bei spröden Werkstoffen kommt überwiegend der Effekt des Mikrobrechens zum Tragen. Zu diesen Phänomenen kommt bei mehrfachem Übergleiten meist noch Materialermüdung hinzu. Die typischen Schadensmerkmale sind Riefen- und Spanbildung, Verformung und oberflächennahe Gefügeänderung. Entscheidend bei diesem Verschleißmechanismus ist, ob der Gegenkörper oder der Zwischenstoff im Reibkontakt als Abrasivstoff wirkt. Als Zwischenstoff (z.B. bei herausgelösten Körnern) kann er Rollbewegungen ausführen und der Gegenkörper kann reinen Druckbelastungen ausgesetzt sein. Dies führt meist zu geringerem Verschleiß, der dann hauptsächlich auf Ermüdungsprozessen und weniger auf Mikrozerspanung beruht.

2.3.3 Oberflächenzerrüttung

Oberflächenzerrüttung ist hauptsächlich bei zyklischen Beanspruchungen von Festkörperoberflächen zu finden. Hier kommt es zu Rissbildung durch die Ermüdung des Werkstoffes. Die Risse vergrößern sich so lange, bis es zu einem Ausbrechen von Partikeln kommt. Interessanterweise kommt es in der Inkubationsphase dieses Mechanismus zu sehr wenig Verschleiß, da durch die Belastung zuerst Versetzungen aktiviert werden, die erst im akkumulierten Zustand zu einer Anrissbildung führen. Dieser Schadensfall ist häufig in Wälzkontakten zu finden [Lang 1975]. Aber auch bei Gleitvorgängen ebener Körper kann Oberflächenzerrüttung auftreten. In diesem Fall bilden sich Risskeime in der stark verformten Randzone, die sich zu Rissen entwickeln und sich parallel zur Gleitfläche ausbreiten. Weisen die Risse eine ausreichende Größe auf, brechen plättchenförmige Verschleißpartikel heraus. Diese spezielle Erscheinungsform der Oberflächenzerrüttung wird Delamination genannt [Suh 1977].

2.3.4   Tribochemische Reaktion

Durch tribologische Beanspruchung werden chemische Prozesse zwischen Umgebungsmedium, Schmierstoff und Festkörper in Gang gesetzt. In den Kontaktbereichen ergibt sich eine erhöhte chemische Reaktionsgeschwindigkeit und Reaktionsbereitschaft aufgrund von mechanischer und thermischer Aktivierung [Fink 1967]. In Reibkontakten führt z.B. plastische Verformung zu einer stärkeren und schnelleren Oxidation als elastische Verformung [Krause 1966]. Die sich während eines Reibkontakts bildenden Reaktionsschichten weisen in den meisten Fällen andere Eigenschaften als der Grundwerkstoff des Festkörpers auf. Daher können Oxidschichten sowohl reib- und verschleißmindernd wirken als auch -erhöhend [Habig 1980]. Eine Oxidschicht kann beispielsweise Adhäsionskräfte verringern, wenn sie stark genug an dem Reibkörper haftet. Ist die Haftung nicht ausreichend, können Oxidschichten stark abrasiv wirken, da sie meist härter als der Ausgangswerkstoff sind.

2.3.5   Niedrigverschleiß

Beim Niedrigverschleiß, d.h. wenn Verschleißraten von nm/h beobachtet werden, wirken meist andere Verschleißmechanismen und sind Gegenstand der aktuellen Forschung. In diesem Verschleißregime werden hauptsächlich Veränderungen der chemischen Elemente im oberflächennahen

Bereich bis zu einer Tiefe von mehreren 100 Nanometern beobachtet [Scherge 2004, Scherge 2003b]. Dabei stellen sich die Maxima der Elementverteilung meist im Volumen ein und es laufen chemische Reaktionen der vorhandenen Elemente ab. In Tiefen von 5 bis 1000 Nanometern stellt sich wieder die Matrixkonfiguration ein. Zu den chemischen Veränderungen kommen ständige Veränderungen der Oberfläche, der Topographie und der oberflächennahen Mikrostruktur im Mikrometerbereich. Die Veränderung der Mikrostruktur ist meist auf plastische Fließvorgänge zurückzuführen [Rigney 2000] und zeigt sich häufig als eine Feinung des Gefüges. Hinzu kommen Veränderungen der mechanischen Eigenschaften der oberflächennahen Schicht (siehe Abbildung 2.4).

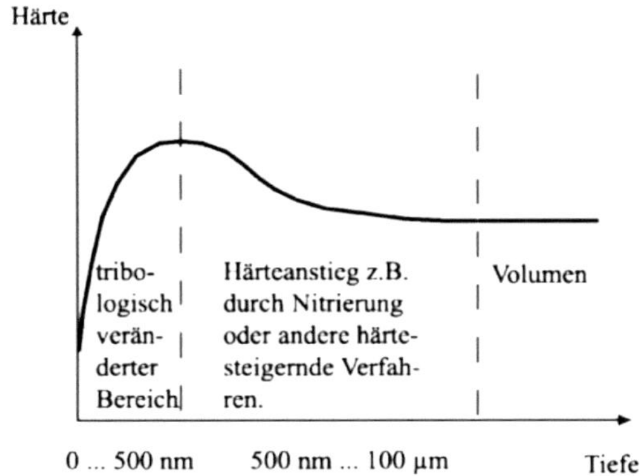

Abbildung 2.4

Qualitativer Verlauf der Härte einer tribologisch belasteten Oberfläche unter Niedrigverschleiß, aus [Scherge 2004].

Die generierten Verschleißpartikel bestehen meist aus verflüssigtem Material aus der Belastungszone, die nach mehrmaligem Übergleiten den Reibkontakt verlassen. Die Partikel weisen häufig flache und abgeplattete Formen auf und sind größtenteils amorph [Belin 1987].

2.4 Einlauf

2.4.1 Definition des Einlaufs

Im Anfangsstadium einer tribologischen Beanspruchung, wenn die Reibpartner sich noch im Ausgangsstadium befinden und noch nicht verschlissen sind, findet für jedes System ein Einlauf statt. Während dieses Prozesses wird der Kontakt zwischen den Reibpartnern vollständig ausgebildet. Durch Veränderung der mechanischen, chemischen und physikalischen Eigenschaften und der Kontaktgeometrie erfolgt eine Konditionierung der oberflächennahen Mikrostruktur und der Oberfläche. Dieser Vorgang des Einlaufs äußert sich in der Veränderung der Verschleißrate und des Reibkoeffizienten [Blau 1991]. Nach einem vollendeten Einlauf stabilisieren sich der Reibwert und die Verschleißrate auf einem konstanten Niveau. Blau hat die typischen Reibungsverläufe von verschiedenen Einläufen zusammengefasst [Blau 2005]. Diese sind schematisch in Abbildung 2.5 zu sehen.

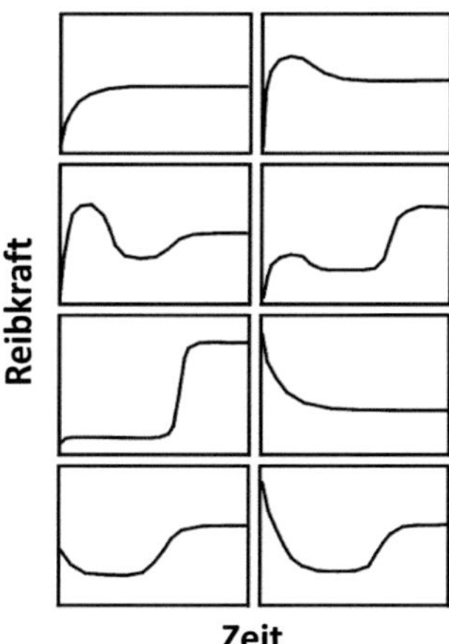

Abbildung 2.5

Verschiedene experimentell ermittelte Einlaufkurven für tribologische Systeme, Reibkraft über Zeit aufgetragen, nach [Blau 2005].

Für eine technische Anwendung ist es meist wünschenswert, ein System mit möglichst geringen und stabilen Reibwerten und Verschleißraten zu haben. Hinzu kommt eine möglichst große Systemstabilität und geringe Empfindlichkeit gegen Störungen. Durch eine gezielte Einstellung der Systemparameter während des Einlaufs ist dies zu erreichen. Zusätzlich lassen sich aus dem Einlaufverhalten Rückschlüsse über das Verhalten des Tribosystems im Betrieb ziehen [Scherge 2003a]. Abbildung 2.6 zeigt schematisch die zeitliche Entwicklung des Verschleißes und des Reibkoeffizienten für solch einen, aus Ingenieurssicht, guten Einlauf. Ein System ist nach der Zeit t_E eingelaufen, wenn die Verschleißrate $\dot{w}$ konstant ist und die Reibwertänderung $\dot{\mu}$ gegen null geht. Die Verschleißrate kann zur Beurteilung der Güte des Einlaufs herangezogen werden [Scherge 2003a]. Ist ein System gut eingelaufen, ist die Änderung der Verschleißrate auf Parameteränderungen, wie Geschwindigkeit und Normalkraft, gering. Je schneller die Verschleißrate ein stabiles Verhalten aufweist und je geringer die Höhe der Verschleißrate ist, umso besser ist der Einlauf. Da keine Quantifizierung über die Höhe der Verschleißraten und der Reibwerte bekannt ist, werden im Rahmen dieser Arbeit Versuche als gut eingelaufen bezeichnet, die nach einem Einlauf gegenüber den schlecht eingelaufenen Versuchen eine mindestens halbierte und konstante Verschleißrate aufweisen. Zusätzlich ist der Reibwert der gut eingelaufenen Versuche nach einem Einlauf um mindestens 0,1 erniedrigt und befindet sich auf einem konstanten Niveau.

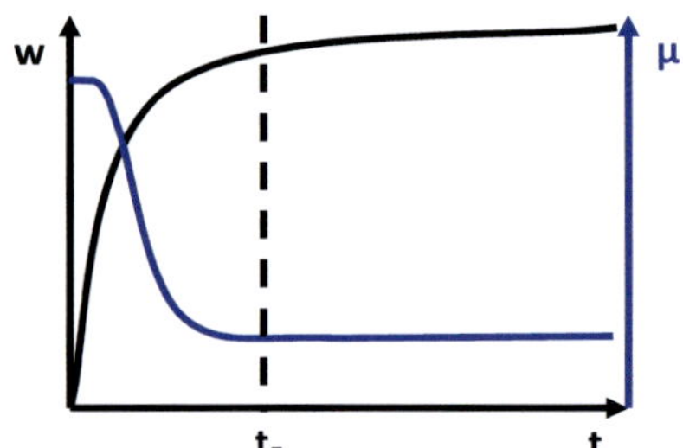

Abbildung 2.6

Schematische Darstellung der zeitlichen Entwicklung des Verschleißes und des Reibwerts während eines guten Einlaufs, nach [Scherge 2009].

2.4.2 Energetische Betrachtung

Eine Möglichkeit, das Einlaufverhalten zu erklären, ist die energetische Betrachtungsweise. Um beide Körper eines tribologischen Kontaktes in Bewegung zu halten, entstehen Wechselwirkungsprozesse, die Energie benötigen. Grundsätzlich können diese Prozesse in Energieeinleitung, Energieumsetzung und Energiedissipation unterteilt werden [Czichos 2010]. Durch die tribologische Beanspruchung wird Energie in das System eingeleitet, die das System elastisch, plastisch und chemisch verändert. Diese Energie wird hauptsächlich durch plastische Deformation umgesetzt und als Wärme dissipiert [Uetz 1978; Klamecki 1980]. Shakhvorostov [Shakhvorostov 2004] hat diese Theorie für das Einlaufverhalten übertragen und erweitert. Er berechnet die gesamte dissipierte Energie pro Zeiteinheit, die auch Reibleistung P_R genannt wird, folgendermaßen:

$$P_R = \mu F_N v \tag{2.14}$$

Die Reibleistung ist abhängig von der Systemantwort μ und den Systemeingangsparametern Normalkraft F_N und Gleitgeschwindigkeit v. Nach bisherigen Erkenntnissen führt eine hohe Reibleistung während des Einlaufs zu geringen Reib- und Verschleißwerten [Scherge 2003b; Shakhvorostov 2003]. Es kann nun mit Hilfe der Reibleistungsdichte P_R' ein Zusammenhang zwischen dem Verschleißvolumen V_r und der realen Kontaktfläche A_r hergestellt werden:

$$P_R' = \frac{\mu F_N v}{V_r} = \frac{P_r}{A_r} \tag{2.15}$$

Die gesamte dissipierte Energie während eines Reibversuchs kann wie folgt beschrieben werden:

$$P_R = P_q + P_W + P_M \tag{2.16}$$

P_q ist der Energieanteil, der in Wärme umgewandelt wird und P_W der An-teil, der zu Verschleißpartikelbildung führt. P_m ist der Anteil, der die Topo-graphie, die physikalische und chemische Zusammensetzung des oberflä-chennahen Materials verändert (siehe Abbildung 2.7).

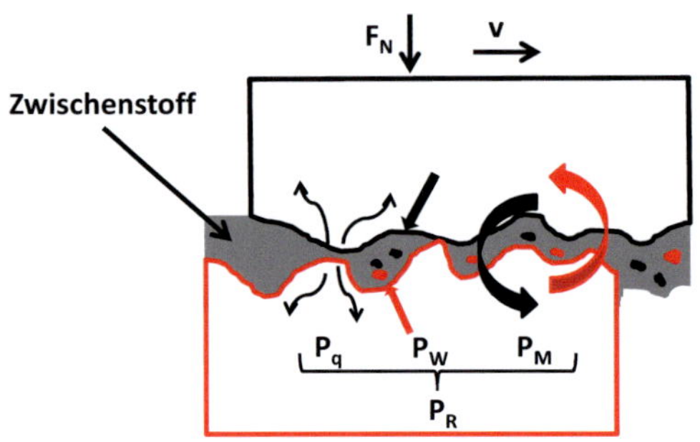

Abbildung 2.7

Schematische Darstellung der Energiedissipation in einem Reibkontakt, nach [Shakhvo-rostov 2003].

2.4.3 Dritter Körper

Wie im vorherigen Kapitel beschrieben, kommt es während eines Einlaufes zu Veränderungen der Mikrostruktur der Randzone und der Topographie. Die Reibpartner und das Schmiermittel wechselwirken miteinander und es bilden sich Zonen mit veränderten mechanischen, chemischen und kris-tallografischen Eigenschaften aus. Die veränderten Bereiche weisen, ab-hängig von den Versuchsparametern, unterschiedliche Dicken auf. Diese erstrecken sich von einigen hundert Nanometern bis zu mehreren Mikro-metern. Die Bildung dieses sogenannten „dritten Körpers" beruht auf kom-plexen Prozessen, die von vielen Einflussgrößen wie Beanspruchungspara-metern, Werkstoff und Umgebungsbedingungen abhängen. Es ist daher momentan nicht möglich genau vorherzusagen, welche Bedingungen zu einem guten Einlauf führen.

Aufgrund der Komplexität dieses Entstehungsprozesses gibt es mehrere Erklärungsansätze und Definitionen zum dritten Körper. Erstmals führte

Godet 1984 diesen Begriff ein [Godet 1984]. Nach seiner Auffassung ist dieser ein Bereich, der zwischen zwei Reibkörpern eingeschlossen ist und eine andere Zusammensetzung als die Grundkörper besitzt. Er besteht aus Verschleißpartikeln und Schmiermittel. Zwischen den Asperiten befinden sich Vertiefungen, die mit Verschleißpartikeln aufgefüllt werden und damit die reale Kontaktfläche erhöhen. Dadurch wird die Normalkraft auf eine größere Fläche verteilt und die Flächenpressung verringert. Der dritte Körper kann die Geschwindigkeitsunterschiede zwischen den Reibkörpern aufnehmen, da er rheologische Eigenschaften aufweist. Die Austrittsgeschwindigkeit der Partikel aus dem Kontakt bestimmt den Verschleiß des tribologischen Systems.

Berthier beschreibt den dritten Körper als Material, das sich zwischen den Reibkörpern befindet und aus diesen aufgrund der tribologischen Belastung generiert wird. Bei jeder tribologischen Belastung wird ein dritter Körper gebildet. Er dient zum Schutz des sich darunter befindlichen Grundmaterials, indem er die Reibkörper voneinander trennt und eine direkte Interaktion damit verhindert. Er hilft den Reibkörpern, die Geschwindigkeitsunterschiede aufzunehmen und unterstützt sie bei der Übertragung der Normalkraft. Er besteht aus Oxidschichten, Verunreinigungen und aus Partikeln, die aus den Reibkörpern herausgelöst werden. Die Partikel füllen die Vertiefungen der Rauheiten auf und die Oxidschichten verringern die Adhäsionskräfte der Reibpartner durch Herabsetzung der Oberflächenenergie [Berthier 2005].

Für Shakhvorostov hingegen existiert ein dritter Körper nur, wenn eine optimierte Menge an Energie in das System eingebracht wurde und „schneller" Einlauf mit geringer Verschleißrate im stabilen Zustand stattgefunden hat. Der Eintrag an Energie muss während des Einlaufs hoch genug sein, um mechanische Vermischung und plastisches Fließen zu erzeugen. Ist die Energie zu hoch, wird das System instabil und es entsteht Hochverschleiß. Zum dritten Körper gehören das zwischen den Reibkörpern befindliche Material und die mikrostrukturell veränderten Bereiche der Reibkörper [Shakhvorostov 2006]. Entscheidend für einen guten Einlauf ist anschließend, bei gleichbleibender Verschleißrate, das Gleichgewicht zwischen Abtrag und Neubildung der tribologisch veränderten Zone [Scherge 2003b]. Nur unter diesem Umstand kann der optimale dritte Körper während der tribologischen Belastung erhalten bleiben.

2.5 Stand der Forschung

Kupfer und seine Legierungen werden häufig in reibbelasteten Maschinenteilen eingesetzt. Daher gibt es eine Vielzahl an Untersuchungen und Veröffentlichungen zu diesem Thema, insbesondere zu Reibung und Verschleiß von Kupfer im ungeschmierten Zustand [Liu 1964, Marui 2001]. Sie untersuchen hauptsächlich die plastische Deformation und die Mikrostruktur unter trockener Reibung. Dabei wurde starke plastische Verformung in der oberflächennahen Schicht beobachtet. Diese führt zu einer zersplitterten Struktur dieser Schicht [Garbar 1996]. Bei Reibversuchen von Kupfer gegen Stahl wurde häufig adhäsiver Verschleiß beobachtet, bei dem Transfer von einer Metalloberfläche zur anderen stattfindet [Cocks 1962, Asif 1990]. Weitere Untersuchungen zeigten, dass sich durch starke plastische Verformung eine oberflächennahe nanokristalline Schicht ausbildet [Emge 2007, Emge 2009]. Eine REM-Aufnahme eines FIB-Schnittes an OFHC Kupfer, gerieben gegen 440C Edelstahl mit einer Gleitgeschwindigkeit von 1 m/s, ist in Abbildung 2.8 zu sehen. Darin ist die oberflächennahe nanokristalline Schicht gut zu erkennen. Daher wurde eine Vielzahl von Untersuchungen zu den Eigenschaften dieser nanokristallinen Schicht durchgeführt, die teilweise mit diversen Herstellungsverfahren, wie Equal Channel Angular Extrusion (ECAP), produziert wurde [Mishra 2007, Zhang 2006]. Die Ergebnisse weiterer Untersuchungen zeigten, dass eine feinkristalline Schicht die tribologischen Eigenschaften von Kupfer verbessert [Zhang 2006, Sadykov 1999].

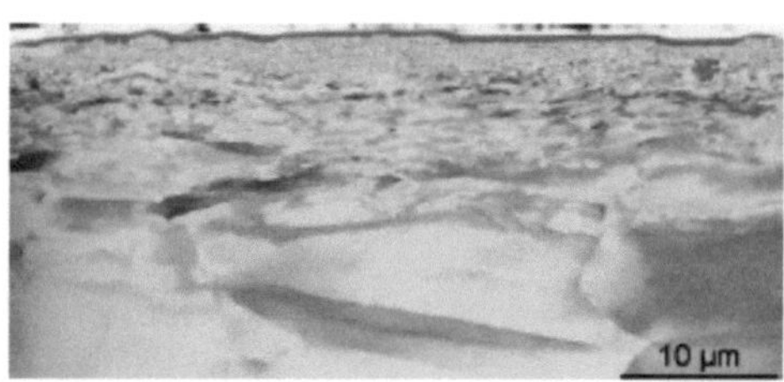

Abbildung 2.8

REM-Aufnahme eines FIB-Schnittes an OFHC Kupfer gerieben gegen 440C Edelstahl, aus [Emge 2009].

Im Gegensatz dazu gibt es nur eine überschaubare Anzahl an Veröffentlichungen, die sich mit der Reibung von Kupfer unter geschmierten Bedingungen auseinandersetzen [Amin 1987, Korres 2011]. Moshkovich beobachtete Reibwerte von Stahl gegen Kupfer unter Grenzreibung und ermittelte Reibwerte von 0,23 - 0,25. Er fand heraus, dass eine chemisch veränderte Schicht die Reibung und den Verschleiß senkt. Des Weiteren fand er in der Reibspur eine lamellare Anordnung von Kupfer in Belastungsrichtung [Moshkovich 2010]. Korres fand eine ähnliche Struktur in der Reibspur vor. In seiner Arbeit zum Reibverhalten von Kupfer gegen Stahl unter geschmierten Bedingungen sah er, dass eine Oxidschicht auf der Kupferoberfläche reibungsmindernd wirkt. Des Weiteren sah er keine Abnahme der Rauheit nach einem guten Einlauf eines Versuchs. Er beobachtete Partikelbildung während des Reibversuchs, die wahrscheinlich auf Delamination und plastische Deformation zurückzuführen ist. Zusätzlich fand er einen Zusammenhang zwischen der Verbreiterung der Verschleißspur und dem Reibungskoeffizienten [Korres 2013].

Bei den Untersuchungen zu dem Reib- und Verschleißverhalten von Messing zeigen sich ähnliche Tendenzen. Dieser Werkstoff ist aufgrund seiner guten tribologischen und Notlaufeigenschaften innerhalb der letzten Jahrzehnte immer mehr in den Fokus wissenschaftlicher Untersuchungen gerückt [Goto 1988, Sundberg 1987]. Auch hier wurde hauptsächlich das Reibverhalten unter ungeschmierten Bedingungen untersucht. Taga [Taga 1975] fand bei ungeschmierten Reibversuchen von 18 %-igem Chromstahl auf α-Messinglegierungen heraus, dass der Reibwert mit steigendem Zinkgehalt abnimmt und der Verschleiß zunimmt. Er stellte fest, dass das oberflächennahe Zink einen bedeutenden Einfluss auf dieses Verhalten hat. Untersuchungen von Mindivian an Messinglegierungen zeigten, dass eine erhöhte α-Phase bessere Verschleiß- und Reibeigenschaften aufweist [Mindivan 2003]. Hassan zeigte, dass eine Härtung der oberflächennahen Schicht eine Verbesserung in der Verschleißfestigkeit und eine Erniedrigung des Reibwerts erzeugt [Hassan 1999]. Bei Messing existieren zahlreiche Untersuchungen zum tribologischen Verhalten von nanokristallinem [Kong 2004, Gleiter 1992] und mikrokristallinem [Sadykov 1999] Messing. Auch bei Messing sorgt diese Kornfeinung zu besserem Verschleiß- und Reibverhalten. Untersuchungen von Stahl gegen Messing zeigten, dass sich bei dieser Reibpaarung zwei Hauptverschleißregime ausbilden: eines mit sehr hohem Verschleiß und eines mit sehr niedrigem. Welches Regime sich ausbildet, ist abhängig von der Temperatur im Reibkontakt [Elleuch 2005]. Auch nach Pandey ist die Temperatur im Reibkontakt entscheidend für das Verschleißverhalten von Messing. Wird zu wenig Energie in das System eingebracht, ist die Temperatur im Kontakt zu gering, um die entstehenden Mikrorisse zu schließen [Pandey 1998]. Über den Zinkgehalt in einem binären Messing wurde herausgefunden, dass 25 Masse-% Zinkanteil optimales Verschleiß- und Reibverhalten aufweisen [Paretkar 1996]. Zum Reib- und Verschleißverhalten von Messsing unter geschmierten Bedingungen gibt es deutlich weniger Untersuchungen. Panagopoulos fand bei Reibversuchen von Messing gegen Stahl heraus, dass wässrige Lösungen und SAE 80 W Schmieröl die Verschleißeigenschaften durch Bildung von Oxidschichten verbessern [Panagopoulos 2012]. Abbildung 2.9 zeigt Ergebnisse von Reibversuchen von Panagopoulos unter Ölschmierung.

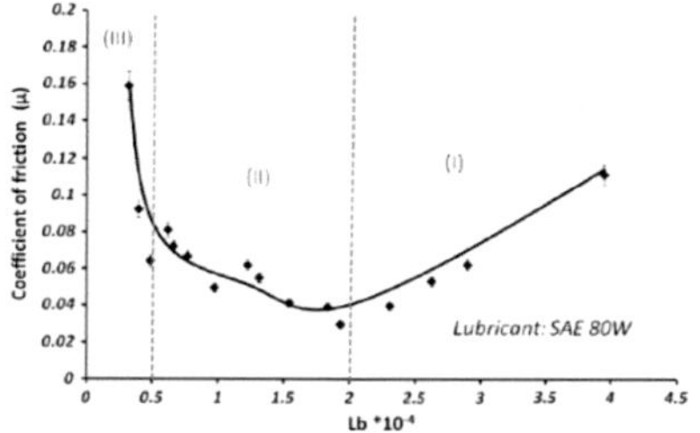

Abbildung 2.9

Stribeckkurve (links) und REM-Aufnahme (rechts) einer Reibspur von α+β Messing unter Ölschmierung mit SAE 80 W, aus [Panagopoulos 2012].

Zusammenfassend lässt sich zum Stand der Technik sagen, dass Messing unter Trockenreibung sehr ausgiebig wissenschaftlich untersucht wurde, da Messing hauptsächlich aufgrund seiner sehr guten Trockenlaufeigenschaften eingesetzt wird. Das Reibverhalten von Messing unter Ölschmierung weist noch sehr viel offene Fragen auf, da viele Phänomene, wie z.B. die chemische Interaktion mit dem Schmiermittel und der Reiboberfläche oder das Einlaufverhalten, noch nicht beschrieben und untersucht wurden.

3 Versuchsmaterialien und experimentelle Methoden

3.1 Tribometer

Mit Hilfe eines Tribometers lassen sich tribologische Modellversuche durchführen. Diese sind meist relativ einfache Geräte, bei denen ein Stift gegen eine Scheibe oder einen Zylinder laufen. Mit ihnen lassen sich Kräfte, Geschwindigkeiten, Temperaturen, Verschleiß usw. messen. Einen Einblick in die Vorgänge innerhalb eines Reibkontaktes zu bekommen ist nicht möglich. Dazu müssen die Reibpartner voneinander getrennt werden und *ex-situ* analysiert werden. Mit moderneren Tribometern ist es möglich, einen Einblick in die dynamischen Vorgänge im Reibkontakt zu bekommen. Dabei sind der Stift oder die Platte aus optisch durchsichtigen Materialien. Durch diese hindurch können Reibvorgänge *in-situ* beobachtet und analysiert werden. Der Nachteil dieser Tribometer ist jedoch, dass nur wenig praxisrelevante Werkstoffe, wie Metalle und die meisten Kunststoffe, durchsichtig sind [Stachowiak 2004]. Um eine Brücke zwischen diesen beiden Untersuchungsmethoden zu schlagen, wurde am IAM-ZBS am KIT ein neuartiges *in-situ* Tribometer entwickelt. Dieses ermöglicht zwar keinen direkten Einblick in den Reibkontakt, kann aber *in-situ* Topographieveränderungen einer Reibfläche aufnehmen.

3.1.1 *In-situ* Tribometer

Das in dieser Arbeit verwendete *in-situ* Tribometer wurde von Korres konzipiert und gebaut [Korres 2010]. Es ist vom prinzipiellen Aufbau ein Stift-Platte Tribometer, das on-line Aufzeichnungen von Position (X und Y), Kraft (X, Y und Z), Oberflächentopographie und Verschleiß ermöglicht. Eine Aufnahme des Gerätes ist in Abbildung 3.1 zu sehen.

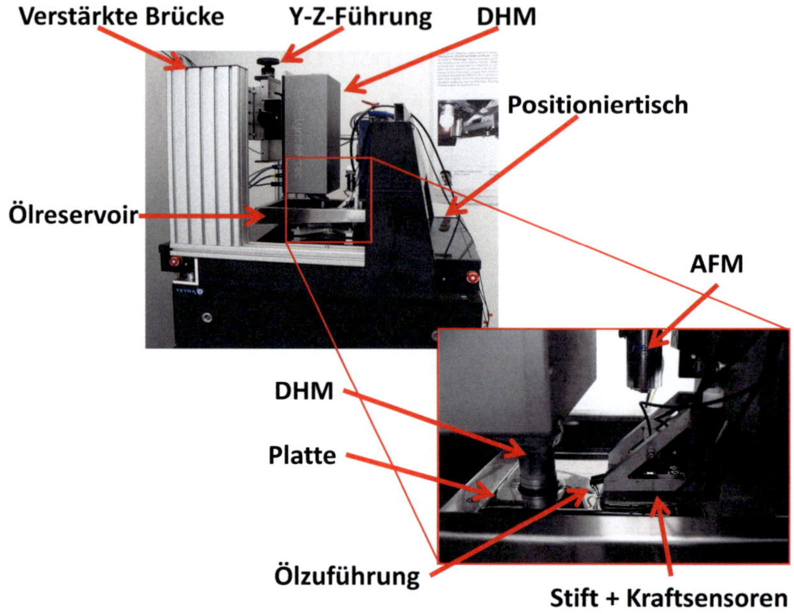

Abbildung 3.1

In-situ Tribometer.

Der Kern des Gerätes besteht aus einem Positioniertisch der Firma Tetra. Dieser wird durch vier symmetrisch angeordnete lineare elektrodynamische Direktantriebe bewegt. Der Tisch hat in der planaren Ebene einen frei programmierbaren Bewegungsbereich. Tabelle 3.1 zeigt die Funktionsparameter [Tetra 2009]:

Tabelle 3.1

Bewegungsbereich	200 x 200 mm^2
Auflösung	50 nm
Genauigkeit	1 µm
Messsystem	Optisch
Blockierkraft	400 N
Nutzlast	14 kg
Bewegungsgeschwindigkeit	0,5 mm/s – 500 mm/s
Beschleunigung	20 m/s^2

Der Kraftsensor ist eine hochskalierte und angepasste Version des bekannten „Tribolevers" [Zijlstra 2000] aus Stahl. Auf dem Kraftsensor sind Spiegel in X-, Y- und Z-Richtung befestigt, über die mit Hilfe von faseroptischen Sensoren (FOS) die Wegdifferenz ermittelt wird. Über diese Wegdifferenz kann, bei bekannter Federkonstante, die Kraft ermittelt werden. Der Kraftbereich der angepassten Sensoren in „Tribolever"-Bauart erstreckt sich von 1 bis 20 N. Dieser ist in Abbildung 3.2 zu sehen.

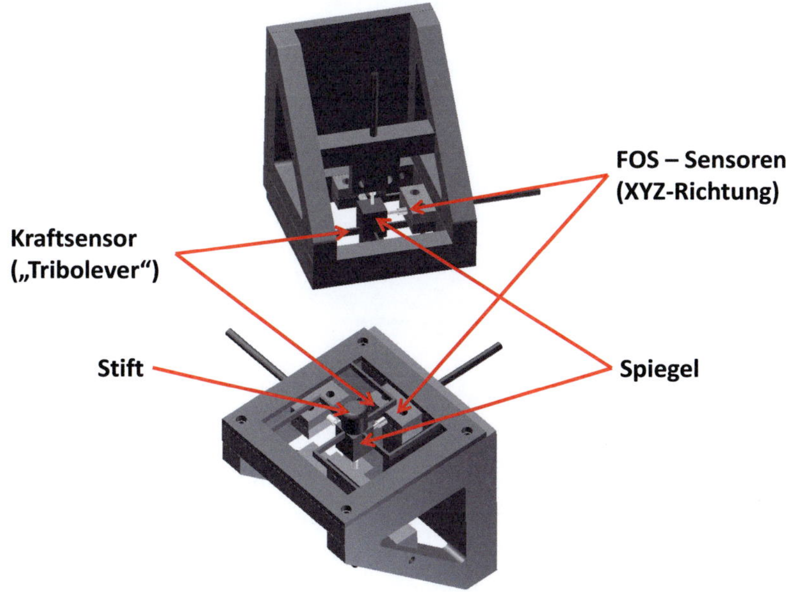

Abbildung 3.2

Schematische Darstellung des Kraftsensors der Bauart Tribolever.

Durch einen selbst entwickelten Adapter können auch Kraftsensoren anderer Bauart verwendet werden. Die hier einsetzbaren zweibeinigen Federbalken der Firma Tetra können einen Kraftbereich von 0,2 mN bis 2 N abdecken. Mit diesen ist bauartbedingt im Gegensatz zum „Tribolever" nur eine Messung der Kraft in Y- und Z-Richtung möglich (siehe Abbildung 3.3).

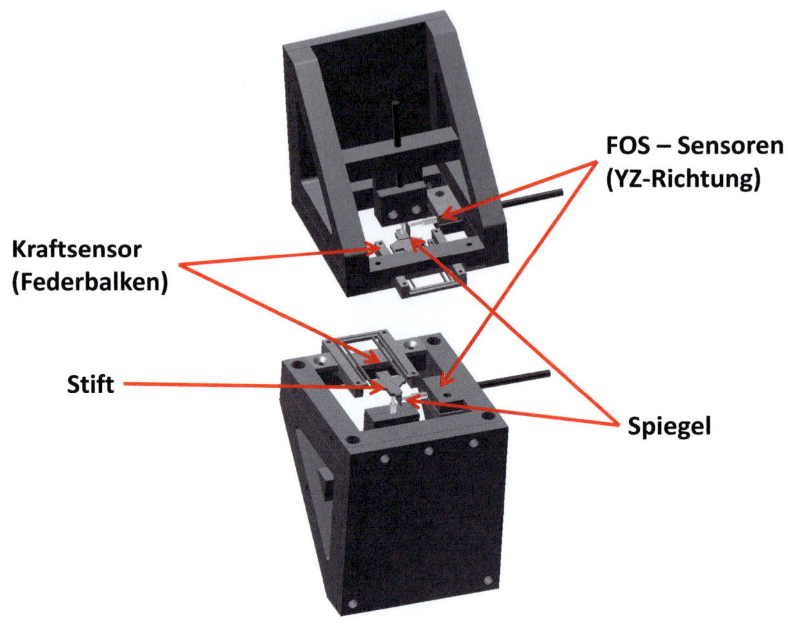

Abbildung 3.3

Schematische Darstellung des Aufbaus des Kraftsensoradapters.

In das System integriert ist ein digitales Holografiemikroskop (DHM), das die Möglichkeit bietet, während eines Versuchs Bildaufnahmen der tribologisch beanspruchten Oberfläche zu machen. Bei trockenen Versuchen können Aufnahmen mit zwanzigfacher Vergrößerung und bei geschmierten Versuchen (mit transparentem Öl oder anderen transparenten Flüssigkeiten) mit fünfzigfacher Vergrößerung gemacht werden. Im Rahmen dieser Arbeit wurde das ursprünglich verwendete DHM, das zuvor mit einer Laserquelle gearbeitet hat, auf zwei Laserquellen aufgerüstet. Dies ermöglicht Messungen mit größeren Höhenunterschieden, ohne einen Phasensprung zu erhalten. Diese Aufrüstung war nötig, da die Holographieaufnahmen aufgrund der großen Höhenunterschiede innerhalb der aufgenommenen Reibspuren deutliche Phasensprünge aufwiesen und eine Auswertung und Interpretation der aufgenommenen Bilder erschwerte.

Dies konnte durch diese Maßnahme verhindert werden. Die Funktionsweise des hier verwendeten DHM`s ist ausführlich in Kapitel 3.4.1 erklärt. Eine weitere Möglichkeit *in-situ* Aufnahmen der Oberfläche zu bekommen, besteht mit einem Rasterkraftmikroskop (AFM). Weitere Details zur Funktionsweise und zur Messung mit einem AFM sind in Kapitel 3.4.2 zu finden. In Abbildung 3.4 ist ein schematischer Aufbau des Gerätes mit der Anordnung der Instrumentierung zu sehen. Die genaue Funktionsweise und mehr Details zu dem Tribometer sind in [Korres 2010] ausführlich erläutert.

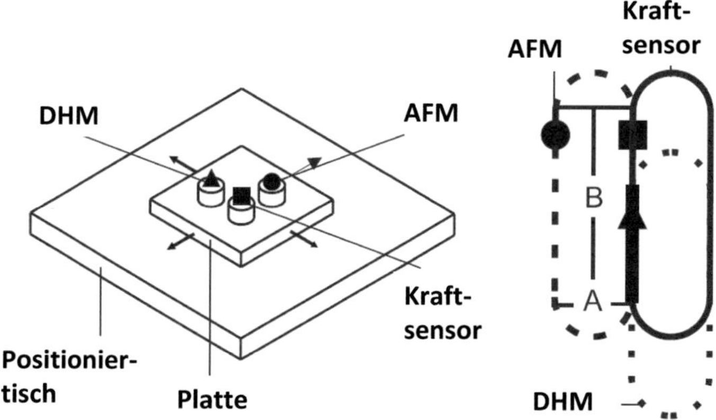

Abbildung 3.4

Schematischer Aufbau und Funktionsweise des Tribometers, nach [Korres 2010].

Im Rahmen dieser Arbeit wurde das Gerät weiterentwickelt, um die Messgenauigkeit zu erhöhen und die Messmöglichkeiten zu erweitern. Um Störungen durch Schwingungen zu verringern, ist das gesamte Tribometer durch ein mechanisch-pneumatisches Schwingungsdämpfungssystem der Firma Bilz Vibration Technology AG, Leonberg von der Umgebung entkoppelt. Dies führt zu einer deutlichen Reduzierung der Schwankungsbreite der Normalkraft (von 0,37 auf 0,1 N) (Abbildung 3.5).

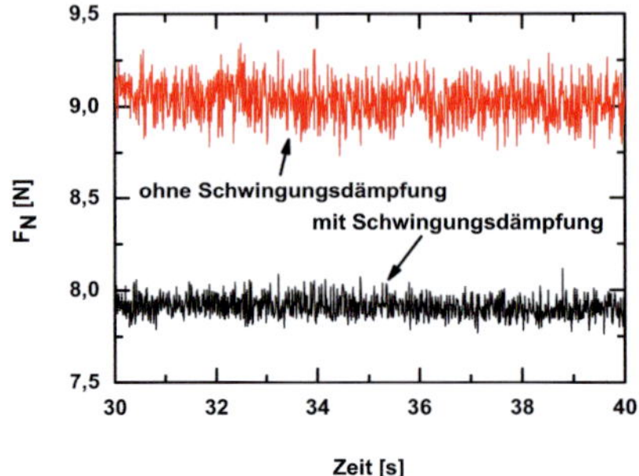

Abbildung 3.5

Schwankungsbreite der Normalkraft mit (schwarz) und ohne Schwingungsdämpfung (rot). Die rote Kurve stammt von einem Versuch auf CuZn36 mit einer Normalkraft von 9,1 N und die schwarze Kurve von einem Versuch auf CuZn20 mit einer Normalkraft von 7,8 N. Beide Versuche wurden mit 100Cr6 als Gegenkörper, unter Ölschmierung mit PAO-8 und mit einer Geschwindigkeit von 20 mm/s durchgeführt.

Um die Vibrationen am AFM weiter zu reduzieren, wurde eine in Z-Richtung verstellbare Achse in Schwalbenschwanzausführung der Firma Cleveland Lineartechnik GmbH, Löffingen integriert. Für die weitere Vibrationsminderung am DHM wurde die Brücke massiver ausgeführt und mit einer stabilen Doppelachse in Schwalbenschwanzausführung der Firma Cleveland ausgestattet. Diese ermöglicht Bewegungen des DHMs in Z- und Y-Richtung. Eine schematische Darstellung ist in Abbildung 3.6 zu sehen.

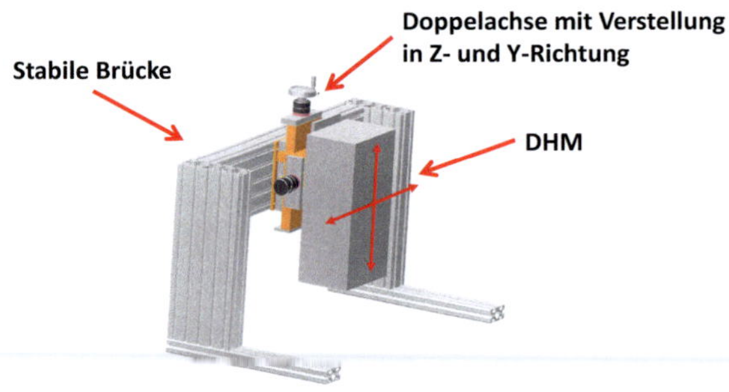

Abbildung 3.6

Schematische Darstellung der verstärkten Brücke und der Z-Y-Verstellung des DHM`s.

Mit dieser Ausführung ist es möglich, weitreichendere Untersuchungen wie z.B. *in-situ* Messungen der Verbreiterung der Reibspur durchzuführen. Diese Maßnahmen führen zu störungsfreieren Aufnahmen von AFM und DHM, wie in Abbildung 3.7 zu sehen ist.

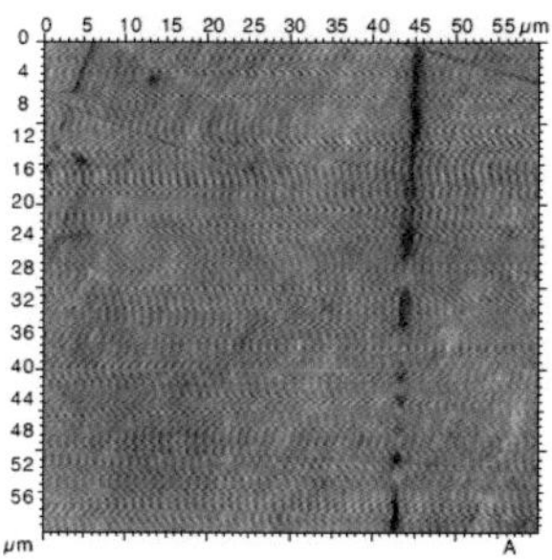 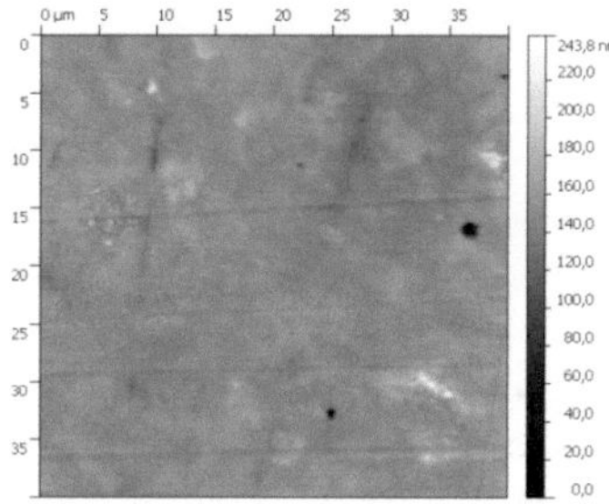

Abbildung 3.7

Rasterkraftmikroskopaufnahmen einer polierten CuZn5 Oberfläche ohne Schwingungs-isolation (links) und mit (rechts). Die Höhenskala ist für beide Aufnahmen gleich.

Hinzu kommt durch die stabilere Ausführung und Vibrationsreduktion eine genauere Positionierbarkeit und Wiederholbarkeit der Aufnahmen mit AFM und DHM von unter 1 µm (Bild 3.8).

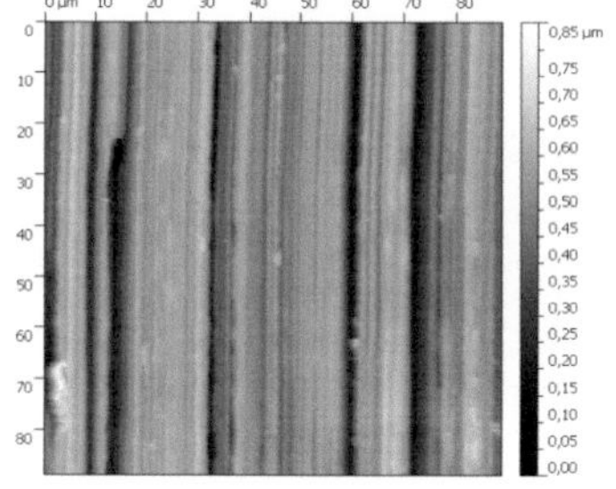 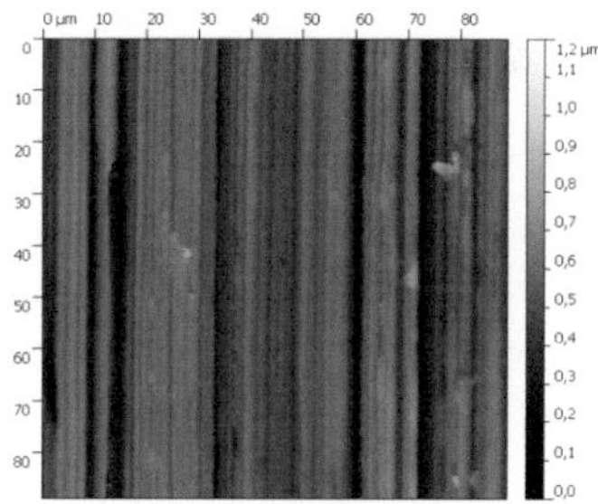

Abbildung 3.8

Rasterkraftmikroskopaufnahmen einer mit PAO-8 geschmierten Reibspur auf CuZn5 gegen 100Cr6 von zwei aufeinanderfolgenden Zyklen bei einem Druck von 2,7 MPa und einer Geschwindigkeit von 20mm/s.

Um die Versuche auch bei unterschiedlichen Öltemperaturen durchführen zu können, wurde in den Ölkreislauf ein Umwälzthermostat HE-4 der Firma Julabo GmbH, Seelbach integriert. Dieses ermöglicht eine Regelung der Temperatur von 20 bis 250 °C.

Der vorherige Versuchsaufbau führte bei RNT Messungen zu Komplikationen mit Sedimentation. Bei angehaltenem Reibversuch und laufender RNT Messung war ein Abfall der Aktivität zu sehen. Es sind nun mehrere Optimierungen durchgeführt worden, die zu weniger Sedimentation führen. Das Schlauch- und Ventilsystem ist spaltenfrei ausgeführt und die Wanne, in der sich die Probe befindet, ist stark verkleinert und auch spaltenfrei ausgeführt. Zusäztlich sind alle Oberflächen schräg ausgeführt und metallograpisch poliert, damit in keinem Bereich Sedimentation stattfindet und das Öl mit den Verschleißpartikeln ungehindert abfließen kann. Die Zeichnung der Ölwanne ist in Abbildung 3.9 zu sehen.

Abbildung 3.9

Schematische Darstellung der Ölwanne.

3.1.2   Versuchsdurchführung

Die Untersuchungen wurden an dem in Kapitel 3.1.1 vorgestellten Tribometer durchgeführt. Alle Versuche waren reversierend und ölgeschmiert. Abbildung 3.10 zeigt schematisch den Versuchsablauf.

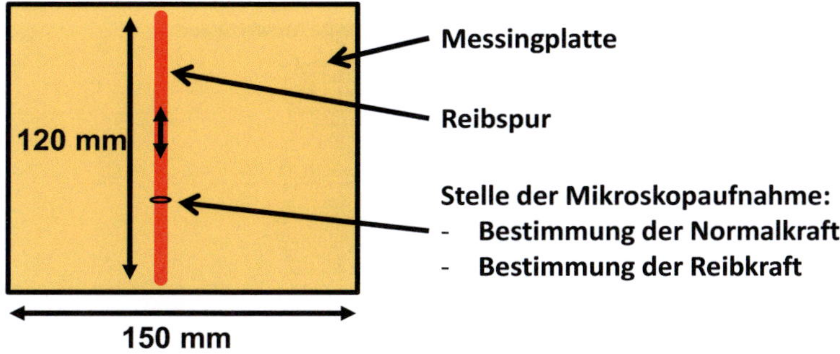

Abbildung 3.10

Schematische Darstellung des Versuchablaufs.

Es wurden reversierende Linien gefahren, von denen nach jedem Zyklus eine Bildaufnahme mit dem DHM Mikroskop aufgenommen wurden. Die Reibkräfte wurden über die gesamte Versuchsdauer in Zeitintervallen von 300 ms aufgezeichnet und mit Hilfe eines am Institut entwickelten LabView Programmes ausgewertet. Die Reibkräfte wurden genau an der Stelle der Bildaufnahme ausgewertet, um eine Korrelation zwischen Oberflächentopographie und den auftretenden Reibwerten herstellen zu können. Es wurden jeweils zwei Reibwerte aus diesem Bereich ausgewählt und dann gemittelt. Die Stifte hatten herstellungsbedingt nicht immer die gleiche Kontaktfläche. Dies führt bei gleichbleibender Normalkraft zu unterschiedlichen Pressungen. Daher wurden die Versuche zur besseren Vergleichbarkeit nach der Pressung und nicht nach der Normalkraft eingestellt. Die Durchmesser der Kontaktflächen wurden mit einem Lichtmikroskop μmgenau vor den Versuchen ermittelt. So konnte dann gezielt eine passende Normalkraft zu jedem Stift eingestellt werden. Der kugelförmige Stift wurde mit einer Kugelspannschraube an dem Kraftsensor befestigt. Der Vorteil des Einsatzes der Kugelspannschraube liegt darin, dass das System sich jederzeit selbst planparallel ausrichten kann. Damit wird ein Verkanten des Stiftes während eines Versuches vermieden. Ein Schnittbild der in den Tribolever eingebauten Kugelspannschraube mit eingebautem Stift ist in Abbildung 3.11 zu sehen.

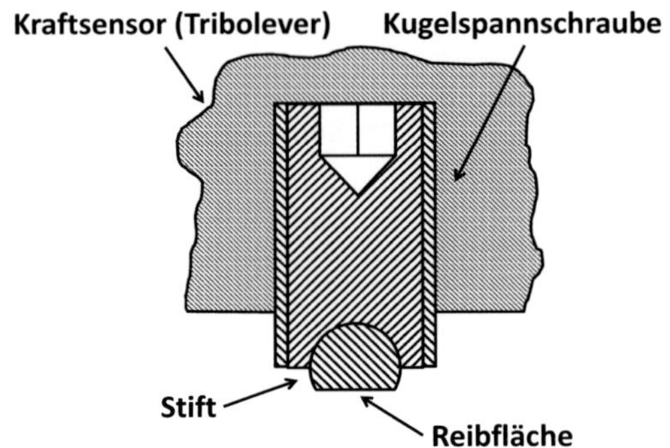

Abbildung 3.11

Schematische Darstellung zur Einbausituation des Stiftes.

Um einen guten Einlauf zu finden, wurde sowohl die Geschwindigkeit als auch die Flächenpressung variiert. Der Parameter $\eta*v/p$ entspricht in erster Näherung der Schmierfilmdicke zwischen den beiden Reibpartnern. Es wurden hauptsächlich an CuZn5 Versuchskennfelder gefahren, um ein Gefühl für den Einlaufbereich der Messinglegierungen zu bekommen. Abbildung 3.12 zeigt das Versuchskennfeld von CuZn5. Dabei sind die rot unterlegten Felder Bereiche, in denen hydrodynamische Verhältnisse aufgetreten sind. Die Kontaktpartner waren vollständig durch das Öl getrennt. Die gelb unterlegten Felder zeigen Bereiche, in denen die Verhältnisse hauptsächlich hydrodynamisch sind. Hier gab es nur vereinzelt einen Kontakt der Reibpartner. Die hellgrau unterlegten Felder zeigen Bereiche an, in denen sofort Reibkontakt vorhanden war und die grün unterlegten zeigen den Bereich, in dem guter Einlauf stattgefunden hat. Bei gutem Einlauf wurden die Versuche für jede untersuchte Legierung mindestens viermal wiederholt, um die Ergebnisse statistisch absichern zu können.

v /p	v = 5	v = 10	v = 15	v = 20	v = 25	v = 30
p = 1	5	10	15	20	25	30
p = 1,25	4	8	12	16	20	24
p = 1,5	3,3	6,7	10	13,3	16,7	20
p = 1,75	2,9	5,7	8,6	11,4	14,3	17,1
p = 2	2,5	5	7,5	10	12,5	15
p = 2,25	2,2	4,4	6,6	8,8	11,1	13,3
p = 2,5	2	4	6	8	10	12
p = 2,75	1,8	3,6	5,5	7,3	9,1	10,9
p = 3	1,7	3,3	5	6,7	8,3	10
p = 3,25	1,5	3,1	4,6	6,2	7,7	9,2
p = 3,5	1,4	2,9	4,3	5,7	7,1	8,6
p = 3,75	1,3	2,7	4	5,3	6,7	8
p = 4	1,25	2,5	3,8	5	6,3	7,5

Abbildung 3.12

Versuchskennfeld CuZn5.

Die Versuchsparameter sind in Tabelle 3.2 zusammengefasst.

Tabelle 3.2

Stift	Werkstoff	1.3505
	Oberfläche	poliert
	Abmessungen	Durchmesser: 1,2-2,4 mm
Platte	Werkstoff	CuZn5, CuZn10, CuZn15, CuZn20, CuZn36
	Oberfläche	poliert
	Abmessungen	150 mm x 150 mm x 4 mm
Schmiermedium		PAO-8
Umgebungsmedium		Raumluft
Bewegungsart		reversierend
Geschwindigkeit		10, 15, 20 mm/s
Gleitweg (einfach)		120 mm
Zyklenanzahl		N $\geq$ 5000
Strecke pro Zyklus		240 mm
Normalkraft		1,5-17 N
Pressung		0,5-15 MPa
Temperatur		Raumtemperatur (20 °C)

3.2 Werkstoffe und Präparation

3.2.1 Platten

Die Platten, die für die Versuche verwendet wurden, bestanden aus binärem α-Messing. Messing ist eine Kupfer-Zink-Legierung. Sie wird in Gusserzeugnisse, Halbzeuge oder zu Walzplatten gegossen. Anschließendes Umformen geschieht nach Zwischenglühen bei Raumtemperatur. Unterhalb 37,5 % Zinkanteil liegt Messing in der α-Phase vor. Oberhalb 37,5 % liegt Messing in der β- oder γ- Phase vor. α-Messing wechselt mit steigendem Zinkgehalt die Farbe von kupferfarben über rot-gelb bis goldfarben. Das Phasendiagramm ist in Abbildung 3.13 zu sehen. Die in dieser Arbeit benutzten Messinglegierungen sind binäre α-Messinglegierungen von 5 - 36 % Zinkanteil, die in Form von Walzplatten von der Firma Wieland-Werke AG aus Ulm, Deutschland bereitgestellt wurden.

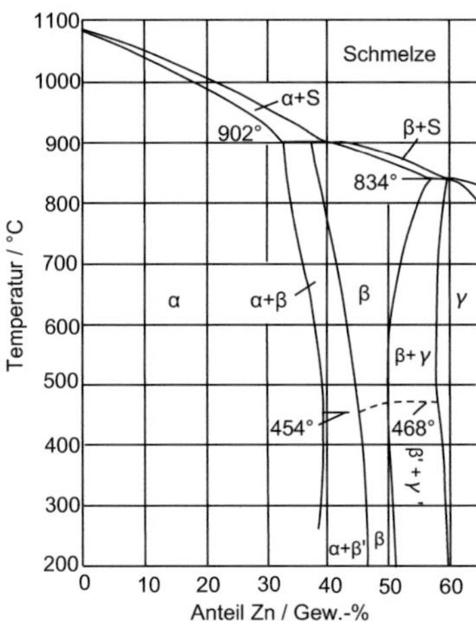

Abbildung 3.13

Cu-Zn Zustandsdiagramm bis 65 % Zinkanteil, aus [Roos 2008].

Kupfer besitzt bei Raumtemperatur ein kubisch flächenzentriertes Kristallgitter, Zink hingegen ein hexagonales. Die α-Phase von Messing weist ein kubisch flächenzentriertes Gitter mit Zink als Substitutionsatom auf. Die β-Phase liegt kubisch raumzentriert vor. Die α-Phase lässt sich von der β-Phase anhand von metallographischen Aufnahmen leicht an den typischen Zwillingsstreifen unterscheiden (Abbildung 3.14) [Bargel 2005].

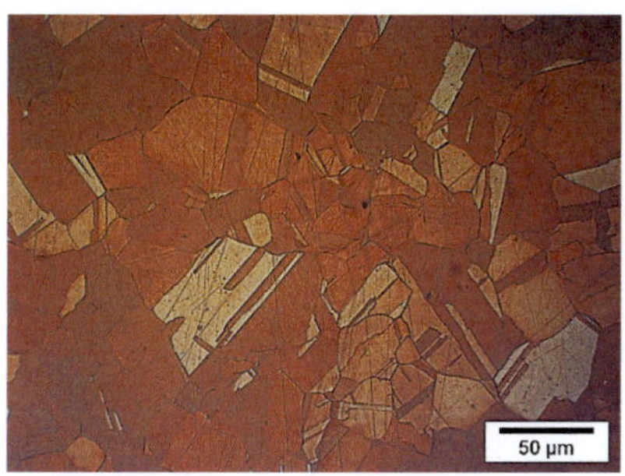
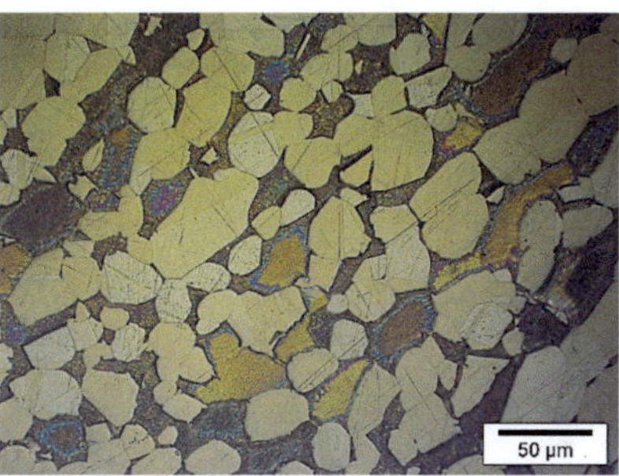

Abbildung 3.14

Metallographische Schliffbilder von CuZn5 (linke Seite) und CuZn40 (rechte Seite) nach Ätzung mit Klemm II.

In engen Grenzen kann die Härte durch den Zinkanteil erhöht werden (Mischkristallhärtung). Die 0-dimensionalen Gitterfehler der größeren Zinkatome führen zu Verspannungen des Gitters und somit zu einem Härteanstieg. Eine weitere Möglichkeit der Verfestigung ist über Kaltumformen zu erreichen [Kupfer 66]. Tabelle 3.3 zeigt einen Auszug der wichtigsten Werkstoffkennwerte der verwendeten Legierungen nach [Kupfer 2007].

Tabelle 3.3

Be-zeich-nung	Chem. Zusammensetzung [Gew.- %]		Physikalische Eigenschaften			Mechanische Eigenschaften		
	Cu	Zn	Dichte [g/cm³]	Schmelzbereich [°C]	Wärmeleitfähigkeit [W/mK]	E-Modul [GPa]	Zugfestigkeit [N/mm²]	Brinellhärte HB
CuZn5	94-96	Rest	8,9	1055-1066	243	127	230-350	45-110
CuZn10	89-91	Rest	8,8	1025-1045	184	124	240-360	50-110
CuZn15	84-86	Rest	8,8	1005-1025	159	122	260-420	85-135
CuZn20	79-81	Rest	8,7	970-1010	142	119	270-480	55-155
CuZn36	63,5-65,5	Rest	8,4	902-920	121	110	300-560	55-180

Probengeometrie

Die gelieferten Messingplatten wurden für Versuche auf dem Tribometer passend zugesägt, plangeschliffen und anschließend metallograpisch poliert. Die Probenabmessungen der verwendeten Platten betragen 150 mm x 150 mm x 4 mm.

Präparation

Da der genaue Anlieferungszustand der Messingplatten unbekannt war, wurden diese bei einer Temperatur von 650°C für eine Dauer von 40 Minuten lösungsgeglüht. Dadurch konnte eine gleichbleibende und reproduzierbare Werkstoffbeschaffenheit gesichert werden. Durch den Glühprozess bildete sich eine Oxidschicht, die mit wässriger Zitronensäure entfernt wurde. Danach wurden die Platten bei der Firma Wollny, Herxheim, metallographisch poliert.

3.2.2 Stifte

Der Stift besteht aus Kugeln des Chromstahls 1.3505 (100Cr6). Die Kugeln stammen von der Firma TIS Wälzkörpertechnologie, Gauting. 1.3505 ist ein typischer Kugel- und Wälzlagerwerkstoff und wird auch für andere verschleißbeanspruchte Bauteile in technischen Systemen verwendet. Die Dichte beträgt 7,61 kg/dm^3 und der Elastizitätsmodul bewegt sich je nach Werkstoffzustand zwischen 207 und 375 GPa [Horn 2001]. Der in dieser Arbeit verwendete Werkstoff besteht aus komplett durchgehärteten 1.3505 Kugeln. Für die Härtung wird der Stahl bis zur Austenitisierungstemperatur von 860 °C an Luft erhitzt und anschließend in einem Ölbad auf Raumtemperatur abgeschreckt. Um die Eigenspannungen zu reduzieren, werden die Kugeln bei 200 °C für zwei Stunden angelassen. Tabelle 3.4 zeigt die Werkstoffzusammensetzung [DIN 2000]:

Tabelle 3.4

	Cr	Si	C	Mn	Ni
Atom-%	1,35-1,65	0,15-0,35	0,9-1,05	0,25-0,45	< 0,3

Probengeometrie

Da die Versuche nicht mit einem Punktkontakt, sondern mit einem flächigen Kontakt durchgeführt werden, werden die Kugeln an einer Seite abgeflacht. Dazu werden die Proben in Einbettmittel fixiert und mit Hilfe von Schleifpapier mit einer 120er Körnung auf die gewünschte Größe der Kontaktfläche geschliffen. Der Durchmesser der Kugeln beträgt 3 mm. Der Durchmesser der abgeflachten Seite beträgt 1,2 -2,4 mm (siehe Abbildung 3.15). Durch die unterschiedlichen Durchmesser konnten verschiedene Flächenpressungen eingestellt werden.

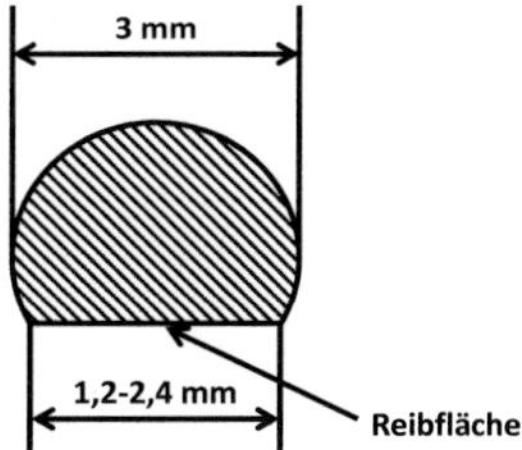

Abbildung 3.15

Schnittzeichnung der Stiftgeometrie.

Präparation

Um eine möglichst glatte und mikrostrukturell wenig veränderte Probe zu erhalten, wurden die abgeflachten Kugeln metallographisch poliert. Die genaue Vorgehensweise ist im Kapitel 3.5.2 Lichtmikroskopische Verfahren einzusehen.

3.2.3   Schmiermittel

Die Experimente wurden unter geschmierten Bedingungen durchgeführt. Als Schmiermittel wurde Poly-α-Olefin 8 (PAO-8) Öl der Firma Fuchs Europe Schmierstoffe GmbH aus Mannheim, Deutschland verwendet. Olefin ist eine veraltete Bezeichnung für Alkene. Alkene gehören zur Gruppe der ungesättigten Kohlenwasserstoffe. Es sind acyclische chemische Verbindungen mit Kohlenstoff-Kohlenstoff-Doppelbindung mit der Summenformel C_nH_{2n}. Alkene mit zwei bis vier C-Atomen liegen bei Raumtemperatur gasförmig, mit fünf bis 15 flüssig und mit mehr als 15 fest vor und sind schwer wasserlöslich [Hoinkins 2007]. Poly-α-Olefin ist ein Grundöl ohne Additivierung, das aus synthetisch hergestellten Kohlenwasserstoffen besteht und großtechnisch in einem 3-Stufen-Prozeß aus Ethylen hergestellt wird. Es besteht aus mehreren geradkettigen Alkenen, die durch Oligomerisierung miteinander verbunden sind. PAO-8 weist bei 100°C eine kinematische Viskosität von 7,8 mm²/s auf. Der Flammpunkt liegt bei ca. 220 °C [Fuchs 2011] Die Strukturformel von PAO-8 ist in Abbildung 3.16 zu sehen.

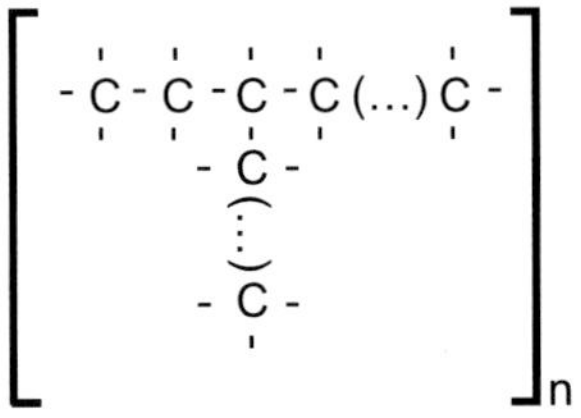

$$\left[\ -C-C-C-C(...)\overset{|}{\underset{|}{C}}-\ \right]_n$$

Abbildung 3.16

Strukturformel von PAO-8, nach [Bruice 2007].

3.3 Verschleißmessung

Die Verschleißmessung während eines Reibversuchs ist eine wichtige Messmethode, um das Einlaufverhalten beurteilen zu können. Nur wenn *in-situ* der Verschleiß bestimmt wird, ist es möglich, den Verlauf des Verschleißes über die Zeit zu bestimmen und somit Rückschlüsse auf das Verhalten des Tribosystems zu ziehen. Im Folgenden werden die benutzte Messmethode und Herangehensweise genauer erläutert.

3.3.1 Radionuklidtechnik

Die Radionuklidtechnik (RNT) ist eine bewährte Methode, um den Verschleiß während eines Reibvorganges zu ermitteln [Kaiser 1973; Schüßler 1970; Volz 1977; Kehrwald 1998]. Diese Technik bietet gegenüber herkömmlichen Techniken, wie beispielsweise dem Messen des Verschleißes nach dem Versuch, viele Vorteile [Tiede 2009]:

- Kurze Messzeiten von wenigen Minuten mit einer hohen Messempfindlichkeit (Nachweisgrenze der Masse ca. 1 µg)
- Kontinuierliche Messung des Verschleißverhaltens (*in-situ*)
- Messung des Verschleißes unter Versuchsbedingungen
- Messung beeinflusst das Verschleißverhalten des Bauteils nicht
- Es können gleichzeitig beide Verschleißpartner einer Reibpaarung gemessen werden
- Es wird nur eine geringe Aktivität benötigt

Bei dieser Technik wird ein kleiner Teil (10^{-15} cm^3) der Atome an der Stelle, an der Verschleiß erwartet wird, aktiviert. Dies kann, je nach Anwendungsfall, mit einem Teilchenbeschleuniger oder einem Reaktor erfolgen. Eine Aktivierung mit einem Teilchenbeschleuniger erfolgt mit Hilfe von schweren Teilchen (z.B. Deuteronen, alpha-Teilchen oder Protonen). Die Atomkerne des zu untersuchenden Bereichs werden mit diesen Teilchen mit einer hohen kinetischen Energie (5 – 100 MeV) beschossen. Durch diesen Teilchenbeschuss werden die Atomkerne radioaktiv und emittieren unter anderem α-Partikel und γ-Quanten. Mit dieser Aktivierungsart kann sehr genau die Tiefe und der Ort der Aktivierung festgelegt werden. Dies ist sehr hilfreich bei Messungen mit großen Bauteilen. Mit einem Reaktor hingegen wird meist die gesamte Probe aktiviert. Die Radionuklidtechnik funktioniert grundlegend nach zwei verschiedenen Messverfahren [Gervé 1968, Gervé 1972]. Es existiert das Differenzenmessverfahren, das nach dem Prinzip der Restaktivitätsmessung funktioniert [Postnikov 1966] und das Konzentrationsmessverfahren [Barth 1973].

Beim Differenzenmessverfahren wird die Restaktivität auf dem aktivierten Bauteil gemessen. Während des Reibversuchs wird Verschleiß von der aktivierten Oberflächenregion generiert. Dadurch wird die Gesamtaktivität des aktivierten Bauteils verringert. Diese Veränderung der Aktivität wird mit einem Sensor gemessen und aufgezeichnet. Diese Messmethode wird normalerweise nur benutzt, wenn das Konzentrationsmessverfahren nicht angewendet werden kann. Dies ist z.B. der Fall, wenn die Verschleißpartikel nicht mit einer Flüssigkeit transportiert werden können.

Da in dieser Arbeit das Konzentrationsmessverfahren eingesetzt wurde, wird dieses im Folgenden ausführlicher erläutert. Das Konzentrationsmessverfahren misst den Verschleiß, indem es die emittierte Strahlung der Verschleißpartikel bestimmt, die von der aktivierten Oberfläche in das Messgerät befördert wurden. Dies kann mit jeder Art von Flüssigkeit geschehen. Dieses Gemisch aus Verschleißpartikeln und Flüssigkeit wird zu einem sehr sensitiven Detektor (hier: γ-Strahlungsmesswertaufnehmer) befördert, der die emittierte Strahlung des aktivierten Gemisches misst. In dem in dieser Arbeit benutzten Messsystem RTM 2000 der ZAG Zyklotron AG gelangen die aktiven Verschleißpartikel, die γ-Quanten emittieren, zu einem NaI-Detektor. Diese initiieren dort einen Austritt von Photonen, die mit einer Photokathode absorbiert werden. Diese Absorption ruft Elektronen hervor, die mit Hilfe von Dynoden beschleunigt und vervielfacht werden. Die Elektronen häufen sich an der Anode an und erzeugen eine Spannung, die proportional zu den γ-Quanten ist [Scherge 2002]. Dieser Wert wird dann in Verschleißmasse oder Verschleißtiefe umgerechnet und grafisch dargestellt, um einen ersten Eindruck über den Versuchsverlauf zu bekommen. Bei Aktivierungen eines Materials entstehen außer dem gewünschten Radionuklid immer mehrere Isotope mit unterschiedlichen Halbwertszeiten. Dies führt zu Messfehlern, die in dieser Anlage mit einer Referenzmessanlage, in der sich eine genau definierte Referenzprobe befindet, ausgeglichen werden.

Das Funktionsprinzip der hier benutzten Anlage wird aus Abbildung 3.17 ersichtlich. Das Öl mit den Verschleißpartikeln wird aus dem Ölsumpf, der sich im Tribometer befindet, mit einer Zahnradpumpe in die Messkammer befördert. Der Grobfilter hält größere Partikel (>1 mm) zurück, die die Pumpe schädigen könnten. In der Messkammer befindet sich ein Natriumiodid Detektor, der die Gamma-Strahlung detektiert. Die Messkammer und der Detektor sind von einer Bleikammer umgeben, die für eine Abschirmung gegenüber äußerer Strahlung sorgt. Eine Temperaturregelung sorgt für eine konstante Temperatur innerhalb des Kühlmantels des Messwertaufnehmers, da dieser sehr temperaturempfindlich ist. Das Ablassventil wird benötigt, um das verschmutzte Öl nach einem Versuch aus der Anlage zu entfernen. Der Stellantrieb, der das Drosselventil 1 steuert, sorgt für konstante Druckbedingungen während des Versuches [Tiede 2009]. Diese sind notwendig, um die hohe Messgenauigkeit zu erreichen. Mit der Kombination aus Drosselventil 2 und 3 besteht die Möglichkeit, das Ölvolumen anzupassen, das in das Tribometer fließt. Gleichzeitig kann durch den Bypass der Betriebsdruck unabhängig vom Volumenstrom eingestellt werden.

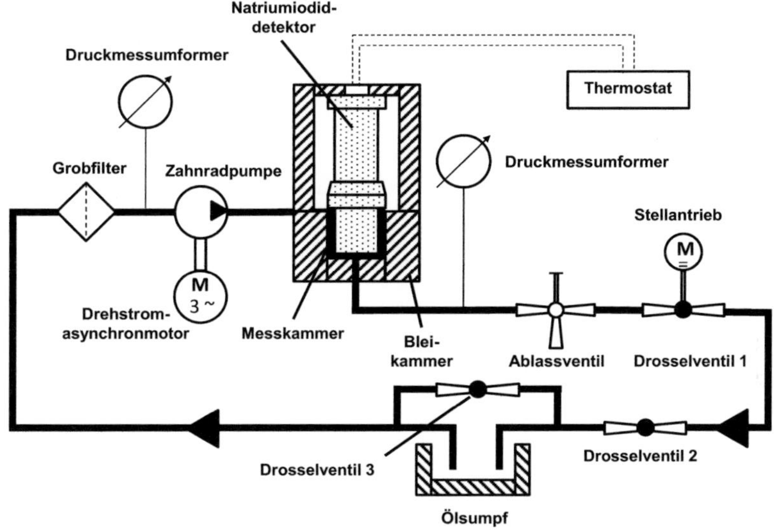

Abbildung 3.17

Schematischer Aufbau der RNT-Anlage, nach [Tiede 2009].

3.3.2 Aktivierung der Messingplatten

Im Rahmen dieser Arbeit wurde das Kupfer in der Platte, auf der die Reibversuche stattfanden, streifenförmig bis zu einer Tiefe von ca. 20 μm aktiviert. Der Bereich der Aktivierung auf der Platte ist in Abbildung 3.18 zu sehen.

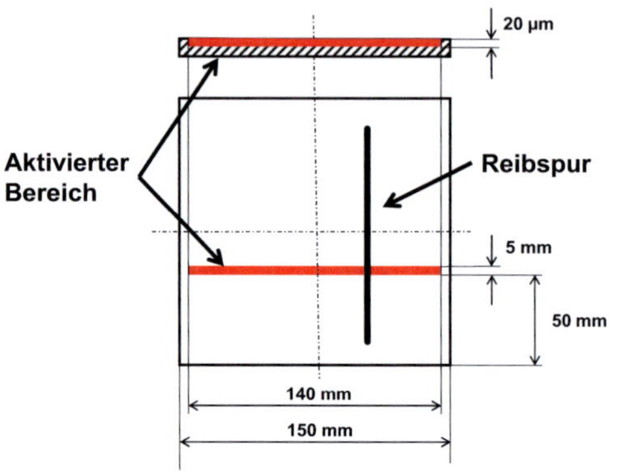

Abbildung 3.18

Aktivierter Bereich der Messingplatte.

Die Aktivierung der Platte fand bei der Firma ZAG Zyklotron AG in einem Zyklotron statt. Die Platte wurde in dem gewünschten Bereich mit Protonen beschossen. Dadurch wird das $^{65}_{29}\text{Cu}$ zum $^{65}_{30}\text{Zn}$ Isotop umgewandelt. In Gleichung (3.1) ist die Rückumwandlung zu sehen. Es ist ein relativ stabiles künstliches Isotop mit einer Halbwertszeit von 244,06 Tagen. Es ist ein β und γ-Strahler und zerfällt zuerst unter einem β$^+$-Zerfall. Dabei wird ein Positron aus dem Kern ausgestoßen. Die Kernladungszahl des Zinks erniedrigt sich um eins und geht wieder zu Kupfer über. Dieses Kupfer befindet sich nun in einem energetisch angeregten Zustand. Beim Verlassen dieses Zustandes ändert sich der Energiezustand des Kupfer-Kerns. Die Kernladungszahl oder die Massenzahl bleibt konstant. Dabei wird γ-Strahlung freigesetzt, die von der RNT-Anlage detektiert wird. Siehe Gleichung (3.2) [Koelzer 2013].

$$^{65}_{30}Zn \rightarrow {}^{65}_{29}Cu + e^+ \tag{3.1}$$

$$^{65}_{29}Cu \rightarrow {}^{65}_{29}Cu + \gamma \tag{3.2}$$

3.3.3   Normalkraftsensor

Mit dem in dieser Arbeit verwendeten Tribometer gibt es noch eine weitere relativ einfache Möglichkeit, um den Verschleiß *in-situ* zu bestimmen. Da die Normalkraft während eines laufenden Experiments nicht nachgeregelt wird und diese über die gesamte Dauer eines Versuchs aufgenommen wird, kann über die Wegänderung des Normalkraftsensors der Verschleiß bestimmt werden. Eine Änderung der Normalkraft von 1 N entspricht einer Wegänderung von 10 µm. Mit dieser Methode lässt sich der absolute Verschleiß am Ende eines Versuchs, aber auch das Verschleißverhalten während des Versuchs bestimmen. Um mit dieser Methode den Verschleiß ermitteln zu können, muss der Verlauf der Normalkraft mit den Reibkräften korreliert werden. Im Folgenden wird diese Methode beispielhaft an CuZn36 erklärt. Abbildung 3.19 zeigt die Reibwert- und Normalkraftverläufe von gut (schwarz) und schlecht (rot) eingelaufenen Versuchen.

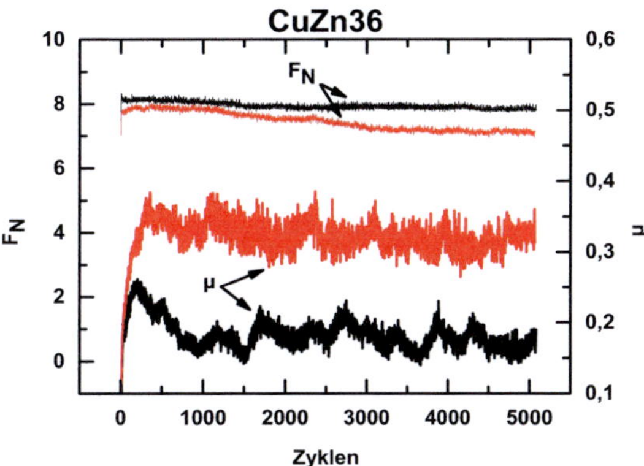

Abbildung 3.19

Reibwert- und Normalkraftverläufe von gut (schwarz) und schlecht (rot) eingelaufenen Versuchen auf CuZn36 gegen 100Cr6 unter Schmierung mit PAO-8. Die Geschwindigkeit beträgt 20 mm/s und die Pressungen 3 MPa für den gut und 3,25 MPa für den schlecht eingelaufenen Versuch.

Der gut eingelaufene Versuch ändert seinen Reibwert von 0 bis ungefähr 1000 Zyklen. Ab hier verläuft der Reibwert auf einem Level mit leichten

Schwankungen. Es kann nun die Differenz in der Normalkraft zwischen Zyklus 1000 und 5000 abgelesen und umgrechnet werden. Der schlecht eingelaufene Versuch zeigt konstante Reibwerte ab ca. 500 Zyklen. Auch hier kann nun die Differenz der Normalkraft von Zyklus 500 bis 5000 abgelesen und in absoluten Verschleiß umgerechnet werden. Dies ergibt einen Gesamtverschleiß von 1,45 µm für den gut und 8,28 µm für den schlecht eingelaufenen Versuch. Zusätzlich kann die Verschleißrate während des Experiments bestimmt werden. Dies ist die Steigung des Normalkraftverlaufs. Bei dem gut eingelaufenen Versuch wären das in diesem Fall 0,28 nm/Zyklus und für den schlecht eingelaufenen Versuch 1,62 nm/Zyklus. Die graphische Darstellung ist in Abbildung 3.20 zu sehen.

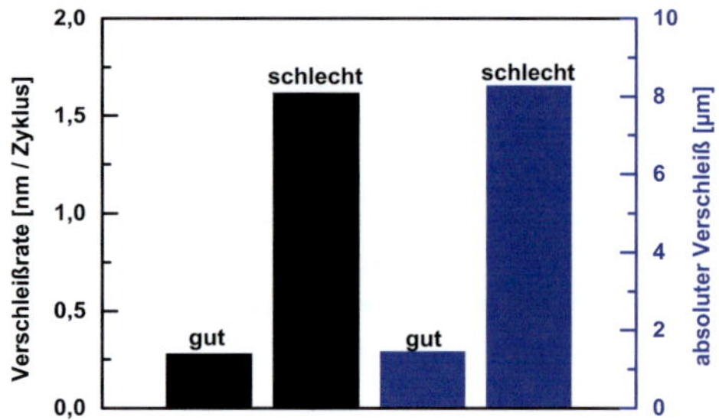

Abbildung 3.20

Verschleißrate und absoluter Verschleiß von CuZn36 ermittelt anhand des Normalkraftverlaufs. Die Reibwerte und Versuchsbedingungen sind in Abbildung 3.19 ersichtlich.

3.4   Topographie

Die Topographiemessungen wurden *in-situ* mit einem digitalen Holographie Mikroskop (DHM) und *ex-situ* mit einem Weißlichtinterferometer (WLI) durchgeführt. Die Messungen mit dem WLI waren notwendig, da das in das Tribometer integrierte DHM mit einer Bildgröße von 90 µm x 90 µm nur einen Ausschnitt der Reibspur abbilden kann. Mit dem WLI hingegen war es möglich, die Spur über die gesamte Breite aufzunehmen und auch die Topographie der Stifte zu untersuchen. Zusätzlich wurden Testmessungen mit einem Rasterkraftmikroskop unter Öl durchgeführt. Im Folgenden werden die drei verwendeten Messarten mit den Messprinzipien kurz erläutert.

3.4.1 Digitale Holographie Mikroskopie (DHM)

In-situ Topographieaufnahmen wurden mit einem digitalen Holographie Mikroskop (DHM) der R2100 Serie der Firma Lyncée Tec SA, Lausanne, Schweiz durchgeführt. Dieses Mikroskop ist in das Tribometer integriert und ermöglicht es, Topographieaufnahmen von geschmierten und ungeschmierten Oberflächen anzufertigen.

Die Messtechnik basiert auf dem Prinzip der Holographie, die 1948 von dem ungarisch-britischen Physiker Dennis Gabor entdeckt wurde [Gabor 1948]. Die praktische Anwendung dieser Technik wurde erst möglich, nachdem man monochromatisches Laserlicht und leistungsfähige digitale Kameras und Computer zur Verfügung hatte. Ein Objekt ist erst dadurch sichtbar, dass es empfangenes Licht reflektiert und modifiziert. Diese Änderung findet in der Intensität und der Phase des Lichts statt. Digitale Kameras können nur die Intensität eines Objektes aufnehmen. Durch die Erkenntnis von Gabor ist es möglich, mathematisch die Phasenveränderung als eine Variation der Intensität auszudrücken. Dadurch kann ein Phasenbild mit dreidimensionalen Informationen eines Objekts aufgenommen und durch numerische Prozesse mit Hilfe eines Computers ein Bild mit Höheninformationen generiert werden [Emery 2006a]. Abbildung 3.21 zeigt die prinzipielle Funktionsweise der Messung mit einem DHM.

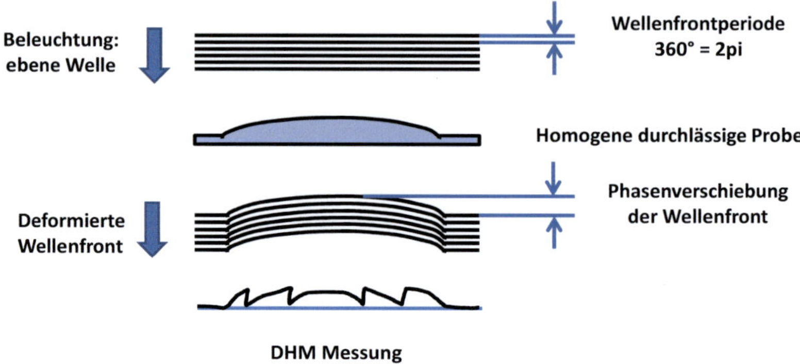

Abbildung 3.21:

Funktionsweise eines DHMs, nach [Emery2006b].

Das R2100 verfügt über zwei kohärente Laserstrahlen (Referenz- und Objektstrahl) mit unterschiedlicher Interferenz und Ausbreitungsrichtung. Die Laserstrahlen werden über eine Reihe von Strahlteilern aufgeteilt, treffen auf die Oberfläche der zu untersuchenden Probe und werden mit Kombinatoren wieder zusammengeführt und anschließend von einer CCD-Kamera aufgenommen. Die zwei verwendeten Laserstrahlen interferieren zusammen zu einer sogenannten synthetischen Wellenlänge Λ. Sie bilden zusammen eine hohe und eine niedrige Frequenz [Lyncée 2012]:

$$\Lambda = \frac{\lambda_1 \lambda_2}{\lambda_1 - \lambda_2} \qquad \Lambda \gg \lambda_1, \lambda_2 \tag{3.3}$$

Die Benutzung zweier Laserquellen führt zu einer Vermeidung von Phasensprüngen. Diese können bei einer Laserquelle schon bei $\frac{\lambda}{2n}$ auftreten, bei zwei Laserquellen hingegen erst bei $\frac{\Lambda}{2n}$. Die unterschiedliche Laufzeit der beiden Strahlen beinhaltet die Höheninformation Δh, die abhängig ist vom Brechungsindex n, der Wellenlänge Λ und der Phase $\Delta\varphi$ [Lyncée 2012]:

$$\Delta h = \frac{\Lambda \Delta\varphi}{4\pi n} \tag{3.4}$$

Die Vorteile des DHM Mikroskops liegen in der berührungslosen Messung, der Off-Axis-Konfiguration, die das Erfassen der kompletten 3D-Information in einem Bild erlaubt, und es muss kein Scannen entlang der optischen Achse stattfinden. Dies führt zu einer schnellen Erstellung eines 3D-Bildes im µs Bereich. In Verbindung mit einer Kamera, die über eine Auflösung von 512 x 512 Pixeln verfügt und einem leistungsfähigen Rechner wird eine Bildaufnahmerate von bis zu 15 Stück pro Sekunde erreicht, mit einer lateralen Auflösung von 300 nm und einer Höhenauflösung von 1 nm. Ein weiterer Vorteil dieses Mikroskops ist, die Fähigkeit dynamische Prozesse, wie beispielsweise Oberflächenveränderungen im Reibversuch, zu erfassen und diese als Filme darstellen zu können.

3.4.2 Rasterkraftmikroskopie

Die Rasterkraftmikroskopie (Atomic Force Microscopy, AFM) wurde erstmals 1986 von Binnig vorgestellt [Binnig 1986]. Mit dieser Messmethode ist es möglich bis hin zu atomarer Auflösung die Oberflächentopographie zu charakterisieren. Die Rasterbereiche liegen abhängig von dem eingesetzten Gerät bei ca. 1 µm x 1 µm x 200 µm. Die laterale Auflösung beträgt ca. 1 − 20 µm [Czichos 2010]. Zusätzlich können mit der Rasterkraftmikroskopie sehr präzise die mechanischen Eigenschaften einer Oberfläche wie Elastizität und Härte gemessen werden. Eine sehr feine Spitze, im Idealfall atomar scharf, wird mit Hilfe von Piezoaktuatoren rasterförmig über eine Probenoberfläche geführt. Diese Spitze ist an einem Hebelarm, meist Cantilever genannt, befestigt, der als Feder agiert. Durch die Topographie der Probe wird eine sich während des Rasterprozesses ständig ändernde Kraft auf den Cantilever aufgebracht, der sich dadurch unterschiedlich stark durchbiegt. Diese Durchbiegung des Cantilevers wird mit Hilfe eines Laserstrahls, der von dem sich bewegenden Cantilever reflektiert wird, von einer empfindlichen Photodiode registriert. Daraus lässt sich die Durchbiegung des Cantilevers und somit die wirkende Kraft registrieren. In Abbildung 3.22 ist ein schematischer Aufbau eines AFM`s zu sehen.

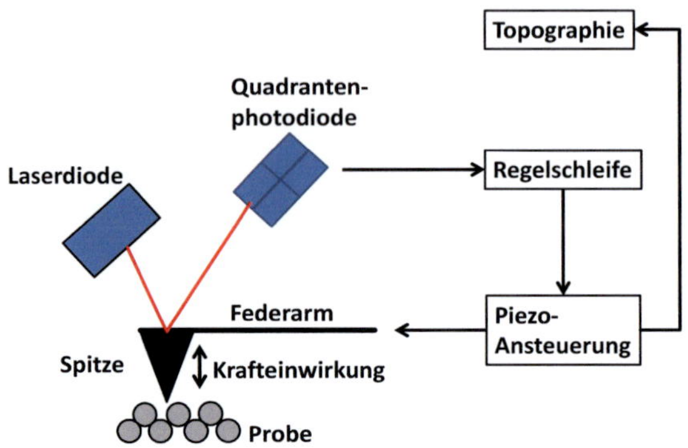

Abbildung 3.22

Schematische Darstellung des Messprinzips eines Rasterkraftmikroskops im Contact-Mode, nach [Czichos 2010].

Ist beispielsweise die Kraftregelung konstant, folgt die Spitze während des Rasterns der Topographie der Probe. Mit Hilfe eines Rechners können die Messwerte dann in ein dreidimensionales Bild umgesetzt werden. Ein AFM kann unter verschiedenen Umgebungsbedingungen eingesetzt werden, wie z.B. unterschiedliche Temperaturen, Raumdruck, Vakuum oder in Flüssig-keiten. Hinzu kommen verschiedene Betriebsmodi, wie Contact-Mode, Non-Contact-Mode und Intermittent-Contact-Mode. Im Contact-Mode beispielsweise steht die Spitze mit der Probenoberfläche im mechanischen Kontakt und es werden repulsive Kräfte gemessen. Für detailliertere Infor-mationen wird auf weiterführendere Literatur verwiesen [Haugstad 2012].

Im Rahmen dieser Arbeit wurden *In-Situ* Messungen mit einem Raster-kraftmikroskop ULTRAObjective der Firma Surface Imaging Systems im Contact-Mode durchgeführt. Die Herausforderung bestand darin, eine Messung auf einer Messingoberfläche durchzuführen, die mit Öl bedeckt ist. Dazu musste durch Vorversuche eine Technik ermittelt werden, mit der es möglich ist, eine AFM-Messung im Contact Mode auf einer mit Öl bedeckten Oberfläche durchzuführen. Im Folgenden wird kurz erläutert, mit welcher Technik die Messungen im Öl ermöglicht und durchgeführt wurden.

Zuerst wurden Messungen auf einer Messingoberfläche in Luft durchgeführt. Dafür konnte nach der Bedienungsanleitung [Sur 2006] vorgegangen werden und alle Parameter passend eingestellt werden. Dadurch konnten Referenzaufnahmen erzeugt werden, die mit den Aufnahmen unter Öl verglichen werden konnten. Für die Messungen in Öl mussten einige Einstellungen des AFM`s angepasst werden. Bei den Messungen im Öl wurde die Spitze mit den gesamten Einstellungen, die für die Messung in Luft ermittelt wurden, mit Hilfe eines Schrittmotors bis auf die Oberfläche des Öls herangefahren. Durch die Oberflächenspannung des Öls entsteht bei Kontakt mit dem Ölfilm bereits eine messbare Kraft und die Software interpretiert diese Kraft als „Kontakt". Tatsächlich ist die Spitze in diesem Fall nicht mit der Messingoberfläche in Kontakt, sondern mit der Oberfläche des auf der Messingplatte stehenden Öls. Nun wurde vorsichtig mit Hilfe einer Pipette Öl auf den gesamten ölabgedichteten Messkopf gegeben. Dabei musste darauf geachtet werden, dass der Cantilever und die Tastspitze keinen Schaden erleidet. Infolge der Ölzugabe an den Messkopf bildet sich zwischen dem Cantilever und dem Öl auf der Messingoberfläche aufgrund der Oberflächenspannung des Öls ein Kapillarhals aus. Ohne die Ausbildung eines Kapillarhalses ist die Oberflächenspannung des Öls auf der Messingprobe zu groß. Wird versucht, diese Oberflächenspannung zu durchdringen, bricht der Cantilever ab. Nun kann vorsichtig das AFM mit dem Schrittmotor manuell näher an die Messingoberfläche gefahren werden. Dies ist ein weiterer kritischer Bereich der Annäherung, da dabei der Cantilever oftmals abbricht. Wenige µm vor der Oberfläche wird das manuelle Heranfahren gestoppt und das Interferometersignal (signal adjust) angeglichen. Danach kann softwaregesteuert der Kontakt zwischen Spitze und Messingoberfläche hergestellt werden. Nach Kontaktaufnahme kann mit der Messung begonnen werden. Dabei müssen die P und I Regler nochmals eingestellt werden, um ein gutes Topographiebild der Oberfläche zu erhalten.

Aufgrund des Aufbaus des *In-situ* Tribometers und der Anordnung der Messgeräte zueinander muss für ein reversierendes Reibexperiment, mit dem eine gleichzeitige Messung von Normalkraft, Reibwerten, DHM und

AFM durchgeführt wird, die Bahnkurve angepasst werden. Die Anpassung ist schematisch in Abbildung 3.23 zu sehen.

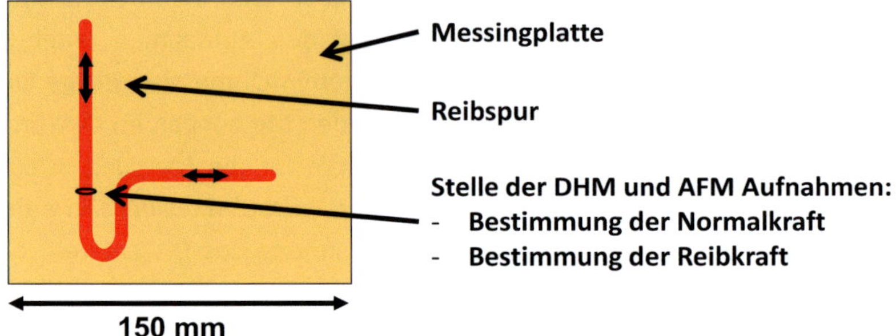

Abbildung 3.23

Bahnkurve für Reibexperimente mit AFM Messung.

Bevor ein Reibexperiment durchgeführt werden kann, muss der Abstand von Kraftsensor, DHM und AFM µm-genau bestimmt werden und das System darauf kalibriert werden, damit mit jedem Messgerät die gleiche Position gemessen werden kann. Eine genaue Vorgehensweise ist in [Korres 2010] beschrieben. Im Rahmen dieser Arbeit wurde ein Testexperiment an CuZn5 gegen 100Cr6 unter Schmierung mit PAO-8 durchgeführt. Die Pressung betrug 2,7 MPa und die Geschwindigkeit 20 mm/s. Die Versuchsparameter entsprechen denen bei der das Reibsystem CuZn5/100Cr6 guten Einlauf zeigte.

3.4.3 Weißlichtinterferometrie (WLI)

Die *ex-situ* Topographieanalysen der Reibspuren auf den Messingplatten und der Stifte wurden mit einem Weißlichtinterferometer PLµ 2300 der Firma Sensofar-Tech S.L. durchgeführt. Die Auflösung dieses Gerätes beträgt 0,8 µm in lateraler und 10 nm in vertikaler Richtung. Die Auswertung der Messungen erfolgte mit Hilfe der Software SensoMap Standard 6.2.

Die Weißlichtinterferometrie ist eine berührungslose Messmethode zur Bestimmung der Oberflächentopographie. Es können hiermit dreidimensionale Bilder der Oberfläche erzeugt werden. Die prinzipielle Funktionsweise ist mit der eines Michelson-Interferometers vergleichbar. In Abbildung 3.24 ist der schematische Aufbau der Funktionsweise dargestellt.

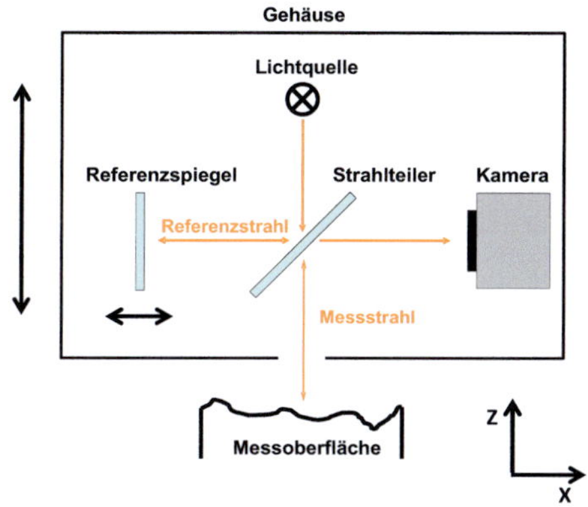

Abbildung 3.24

Schematische Darstellung der Funktionsweise eines Weißlichtinterferometers.

Das Licht des Lichtstrahls stammt aus einer Weißlichtquelle. Die Kohärenzlänge dieses Lichtes befindet sich im µm-Bereich. Der Lichtstrahl wird durch einen Strahlteiler in einen Referenz- und einen Messstrahl aufgeteilt. Der Referenzstrahl trifft auf den Referenzspiegel, wird von diesem reflektiert und trifft wieder auf den Strahlteiler. Der Messstrahl hingegen trifft auf die zu messende Oberfläche und wird von dieser reflektiert und gelangt auch wieder auf den Strahlteiler. Dort werden beide Strahlen rekombiniert (überlagert) und treffen dann auf einen CCD-Detektor. Da beide Strahlen unterschiedliche Weglängen zurückgelegt haben, führt dies zu Interferenzen. Die Wellencharakteristik des Lichtes sorgt für eine konstruktive (hell) oder destruktive (dunkel) Überlagerung dieser Strahlen [Machleidt 2012]. Bei der Messung einer Oberfläche verfährt der Messkopf in z-Richtung mit inkrementellen Schrittweiten dz und errechnet aus vielen Einzelbildern der Interferenzmuster eine Oberflächentopographie [Kanani 2007].

3.5 Gefügecharakterisierung

Die Analyse der Mikrostruktur hat ausschließlich *ex-situ* stattgefunden. Die mechanischen Eigenschaften der Mikrostruktur wurden durch diverse Härtemessverfahren bestimmt. Mit licht- und elektronenmikroskopischen Untersuchungen konnte ein optischer Eindruck über die Mikrostruktur gewonnen werden.

3.5.1 Härtemessung

Im Rahmen dieser Arbeit wurden Härtemessungen vor und nach den Reibversuchen durchgeführt. Um die mikrostrukturell veränderten Schichten vermessen zu können, wurden instrumentierte Eindringversuche mit einem Mikroindentationsgerät Fisherscope H100 der Firma Helmut Fischer GmbH durchgeführt.

Bei der instrumentierten Eindringprüfung wird eine Prüfkraft mit einem Prüfkörper auf den zu untersuchenden Werkstoff aufgebracht. Dabei dringt der Prüfkörper in den Werkstoff ein. Dies ist in der Regel, so wie auch in dieser Arbeit, ein Diamant mit der Form einer Vickerspyramide mit quadratischer Grundfläche und einem Spitzenwinkel von 136°. Es werden drei Bereiche, abhängig von der Prüfkraft F und der Eindringtiefe h, unterschieden: Makrobereich (2 N < F < 30 kN), Mikrobereich (2 N > F; h > 0,2 μm) und Nanobereich (h < 0,2 μm). Der Mikro- und Nanobereich ist optimal geeignet, um dünne Schichten und die Mikrostruktur von Gefügen zu untersuchen. Dieses Verfahren ist schnell, präzise und kann automatisiert durchgeführt werden. Die Vickerspyramide wird kontinuierlich und rechnergesteuert in die Oberfläche gedrückt. Die Eindringgeschwindigkeit kann entweder über die Eindringtiefe oder die Kraftzunahme gesteuert werden. Anschließend muss die Kraft für eine definierte Zeit gehalten werden, um die Kriecheffekte des Werkstoffs zu berücksichtigen. Während der Be- und Entlastung des Prüfkörpers wird die Prüfkraft F und die Eindringtiefe h registriert [Seidel 2007]. Eine typische Kraft-Eindringkurve ist in Abbildung 3.25 dargestellt.

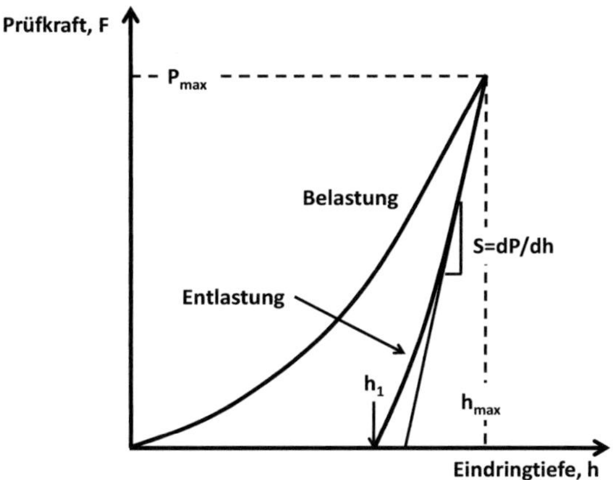

Abbildung 3.25

Schematische Darstellung einer Kraft-Eindringkurve, nach [Oliver 2003].

Als Ergebnis erhält man die Martenshärte HM in N/mm^2, die als Verhältnis der Prüfkraft F und der Eindruckoberfläche A_S berechnet wird:

$$HM = \frac{F}{A_S} = \frac{F}{26{,}43 \cdot h^2}$$ (3.5)

Die Eindringtiefe unter wirkender Prüfkraft ist h. Weiterhin lassen sich aus der Krafteindringkurve noch weitere Werkstoffkennwerte, wie beispielsweise der reduzierte E-Modul E_r in MPa berechnen [VanLandingham 2003]:

$$\frac{1}{E_r} = \frac{(1 - v^2)}{E} + \frac{(1 - v_i^2)}{E_i}$$ (3.6)

Zur besseren Verständlichkeit und Vergleichbarkeit werden im Laufe der Arbeit alle Härtewerte in Vickershärte HV angegeben. Diese werden von dem Messgerät direkt unter Berücksichtigung der Formkorrektur der Vickersspitze aus der Eindringhärte HM bei maximaler Prüfkraft nach DIN EN ISO 14577 berechnet [Doerner 1986].

3.5.2 Lichtmikroskopische Verfahren

Die unbeanspruchten Werkstoffe wurden anhand von Schliffbildern metallographisch charakterisiert. Aus den Messingplatten wurden Probenstücke herausgesägt und in ein Kalteinbettmittel EPOFIX der Firma Struers, Willich eingebettet. Nach Aushärtung des Einbettmittels wurden die Proben auf einer halbautomatischen Schleifmaschine des Typs Saphir 350 der Firma ATM plangeschliffen und anschließend poliert. Die Schleif- und Polierparameter für die Messinglegierungen sind in Tabelle 3.5 dargestellt. Für den 1.3505 Stahl sind diese in Tabelle 3.6 gezeigt. Nach dem Polieren wird die Gefügestruktur mit einem Ätzmittel sichtbar gemacht. Die Messingproben wurden jeweils für 5 Minuten in KLEMM II-Lösung angeätzt, die aus 5 g Kaliumdisulfit und 100 ml Stammlösung besteht. Die Stammlösung besteht wiederum aus 300 ml destilliertem Wasser und 240 g Natriumthiosulfat. Die Schliffe des 100Cr6 Stahlstiftes wurden mit einer Mischung aus 100 ml destilliertem Wasser und 100 ml Salzsäure für eine Dauer von 5 Minuten angeätzt.

Tabelle 3.5

Messing			
Druck [bar]	Dauer [min]	Schleifmittel	Suspension
2	2	Schleifpapier 120er Körnung	Wasser
2	2	Schleifpapier 500er Körnung	Wasser
2	2	Schleifpapier 1200er Körnung	Wasser
2	2	Schleifpapier 2400er Körnung	Wasser
4	2	Schleifpapier 4000er Körnung	Wasser
2	3	3 μm Poliertuch	75% dest. Wasser+ 25% 2-Propanol
2	3	OPS-Poliertuch	OPS-Poliermittel

Tabelle 3.6

1.3505			
Druck [bar]	Dauer [min]	Schleifmittel	Suspension
2	2	Schleifpapier 120er Körnung	Wasser
2	2	Schleifpapier 500er Körnung	Wasser
?	?	Schleifpapier 1200er Körnung	Wasser
2	2	Schleifpapier 2400er Körnung	Wasser
2	2	Schleifpapier 4000er Körnung	Wasser
4	3	OPS- Poliertuch	OPS-Poliermittel

Für die lichtmikroskopische Charakterisierung wurde ein Auflichtmikroskop des Typs POLYVAR 2 der Firma Reichert-Jung Optische Werke AG, Wien, Österreich benutzt. Die quantitative Gefügecharakterisierung wurde an digital aufgezeichneten Bildern mit der Software analySIS pro der Firma Olympus, Hamburg durchgeführt. Um einen aussagekräftigen Mittelwert zu erhalten, wurden pro Legierung jeweils 5 Schliffbilder ausgewertet. Die Korngrößen wurden mit dem Linienschnittverfahren nach DIN EN 623-3 [Schumann 2005; Exner 1996] analysiert. Dazu wird ein Gitter über die Aufnahme des Gefüges gelegt und die Schnittpunkte der Korngrenzen mit den eingezeichneten Linien bestimmt und ausgewertet. Die Berechnung der mittleren Korngröße d_{KG} in µm erfolgt mit:

$$d_{KG} = \frac{l_S N_i}{(N_K - 1)M}$$
(3.7)

Dabei ist l_S die Schnittlinienlänge, N_i die Anzahl der Schnittlinien, N_K die Anzahl der geschnittenen Korngrenzen und M der Vergrößerungsmaßstab.

3.5.3   Ionenfeinstrahlanlage (FIB)

Um einen optischen Eindruck der Mikrostruktur der Proben vor und nach den Versuchen zu bekommen, wurden Schnitte mit einer Ionenfeinstrahlanlage angefertigt und anschließend mit einem Rasterelektronenmikroskop Bildaufnahmen der Schnitte gemacht. Die Untersuchungen wurden am Laboratorium für Elektronenmikroskopie (LEM) am Karlsruher Institut für Technologie (KIT) durchgeführt. Dazu wurde ein Dual Beam Messgerät Zeiss XB 1540 der Firma Carl Zeiss AG, Jena benutzt. Dieses Gerät besteht aus einer Elektronensäule, mit der Rasterelektronenaufnahmen gemacht werden können, und einer FIB-Säule, mit der Schnitte erzeugt werden können. Diese stehen in einem Winkel von 54° zueinander. Die maximal mögliche Auflösung beträgt 4,5 nm und der Vergrößerungsbereich bewegt sich zwischen 15 – 200.000-fach. Abbildung 3.26 zeigt einen schematischen Aufbau dieser Anlage.

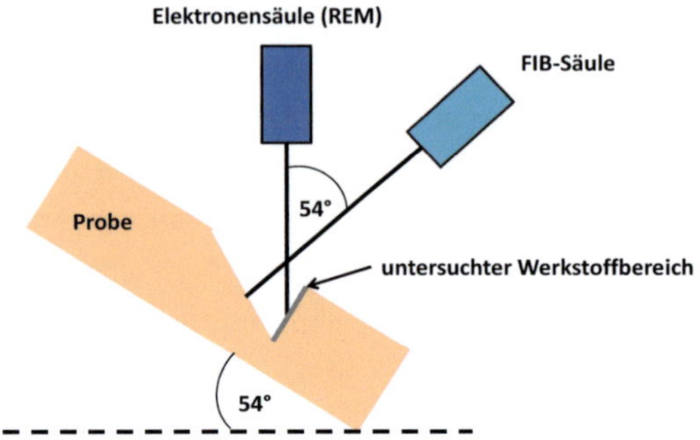

Abbildung 3.26

Schematische Darstellung der Positionen von Elektronen- und FIB-Säule zur Probe.

Zum Erzeugen eines Schnittes emittiert die FIB-Säule hochenergetische Galliumionen. Diese treffen auf die ausgerichtete Probenoberfläche und lösen Probenmaterial aus dieser heraus [Bushby 2011]. Die Stromstärke kann dabei zwischen 5 pA und 50 nA variiert werden, die Beschleunigungsspannung beträgt 30 kV. Die Abtragsrate ist von der Stromstärke abhängig. Um einen groben Vorschnitt zu erzeugen, wird eine hohe Stromstärke von einigen nA genutzt. Dieser bewirkt einen schnellen Schnittvorgang, der aber eine leichte Schädigung des Materials erzeugt und dadurch die Mikrostruktur nicht erkennen lässt. Um eine Begutachtung des Schnittes zu ermöglichen, wird darauf ein Polierschnitt mit einer Stromstärke von wenigen pA durchgeführt. Nach diesem Polierschnitt ist es möglich, mit Hilfe des Elektronenstrahls ein Bild der Mikrostruktur zu erzeugen [Volkert 2007]. Aufgrund der Anordnung des Elektronenstrahls zur Werkstoffoberfläche liegt eine Stauchung des Bildes um den Faktor 1/sin 54° vor. Deshalb ist die reale Bildhöhe mit dem Faktor 1,24 zu korrigieren. Abbildung 3.27 zeigt eine Übersichtsaufnahme eines gesputterten FIB Schnittes nach einem Poliervorgang an CuZn5. In dem hier benutzten Gerät stehen ein Inlens- und ein Everhart-Thornley Detektor zur Verfügung, um die Bilder zu erzeugen. Der Inlens-Detektor registriert fast ausschließlich die Sekundärelektronen, die aus einem sehr kleinen Bereich, dem sogenannten Spot, emittiert werden. Dies führt zu einer hohen Oberflächensensitivität, mit der die Ma-

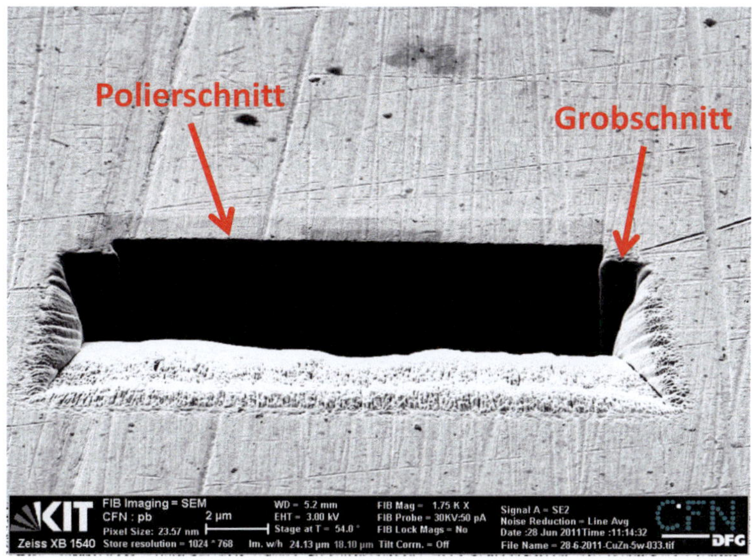

Abbildung 3.27

Übersichtsaufnahme eines FIB-Schnittes an poliertem CuZn5.

terialkontraste gut dargestellt werden können. Die Elemente mit niedriger Ordnungszahl werden dunkler dargestellt als Elemente mit hoher Ordnungszahl. Der Everhart-Thornley-Detektor registriert niederenergetische Sekundärelektronen und kann aufgrund seiner räumlichen Anordnung Elektronen aus einem großen Raumwinkelbereich aufnehmen. Dies führt zu einer räumlichen Darstellung der Oberfläche [Gianuzzi 2005]. Die Aufnahmen in dieser Arbeit wurden ausschließlich mit dem Inlens-Detektor durchgeführt.

3.6 Chemische Analyse

Zur Charakterisierung eines Tribosystems, ist die Analyse der chemischen Zusammensetzung ein wichtiges Hilfsmittel. Sie bringt viele Erkenntnisse, um die Bildung und Änderung der Mikrostruktur und des dritten Körpers zu verstehen. Um den Verlauf der chemischen Zusammensetzung in der Tiefe zu untersuchen, wurden Tiefenprofile mit Hilfe der Röntgenphotoelektronenspektroskopie durchgeführt. Mit der energiedispersiven Röntgenspektroskopie wurde die flächenmäßige Verteilung der Elemente und Elementverbindungen untersucht.

3.6.1 Röntgenphotoelektronenspektroskopie (XPS)

Die Untersuchungen wurden an einem XPS Spektrometer 5000 VersaProbe der Firma ULVAC-PHI, Incorporated, Japan durchgeführt. Mit der Röntgenphotoelektronenspektroskopie kann die chemische Zusammensetzung von Oberflächen mit Hilfe des äußeren Photoeffektes bestimmt werden. Mit diesem Verfahren lassen sich alle Elemente bis auf Helium und Wasserstoff detektieren. Es werden Rumpfelektronen der inneren Schalen eines Atoms mit Röntgenstrahlung angeregt, freigesetzt und die charakteristischen Röntgenlinien gemessen. Dies geschieht bei Atomen, die sich in einer oberflächennahen Zone (1-3 nm) befinden, die Messtechnik ist also sehr oberflächensensitiv [Bergmann 2005]. Die herausgeschlagenen Elektronen besitzen eine elementspezifische kinetische Energie E_{kin}'. Diese ist abhängig von der Röntgenstrahlung mit der Energie $h\omega$, der Bindungsenergie E_B und von der Austrittsarbeit ϕ_P:

$$E_{kin}' = h\omega - E_B - \phi_P \qquad (3.8)$$

Im Spektrometer hat das Elektron die kinetische Energie E_{kin}, die nun abhängig von der Austrittsarbeit ϕ_S ist:

$$E_{kin} = h\omega - E_B - \phi_S \qquad (3.9)$$

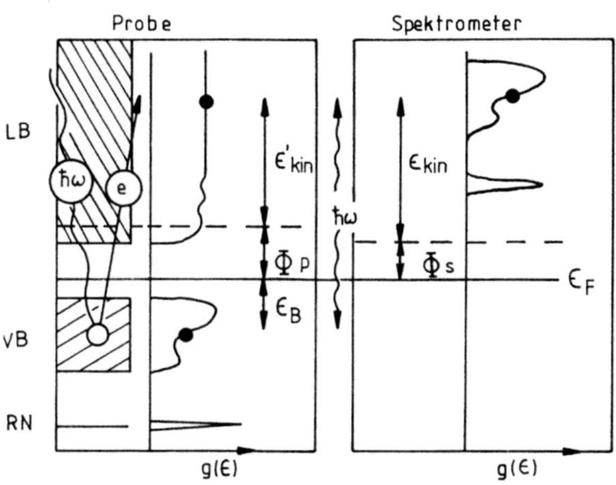

Abbildung 3.28

Kinetische Energie der Elektronen direkt an der Probe und im Spektrometer, aus [Kuzmany 2011].

Mit Hilfe von E_{kin} lässt sich die jeweilige Bindungsenergie bestimmen. Die Zahl der Elektronen mit einer bestimmten kinetischen Energie E_{kin} ist proportional zu der Zahl der einfallenden Photonen und der Zustandsdichte mit der Bindungsenergie E_B [Lüth 2010]:

$$E_B = h\omega - E_{kin} - \phi_S \tag{3.10}$$

Die Messung der kinetischen Energie der Photoelektronen erfolgt in dem eingesetzten Spektrometer mit einem Halbkugelanalysator. Darin werden die Photoelektronen mit Hilfe elektrostatischer Linsen auf eine Kreisbahn gelenkt und durch Variation der Feldstärke wird mit einem Elektronenspektrometer ein Spektrum der kinetischen Energie der Elektronen gemessen. Nur Elektronen, die eine bestimmte „Passenergie" besitzen, erreichen diesen. Je geringer die „Passenergie", umso genauer ist die Messung. Abbildung 3.29 zeigt einen schematischen Aufbau eines Halbkugelanalysators.

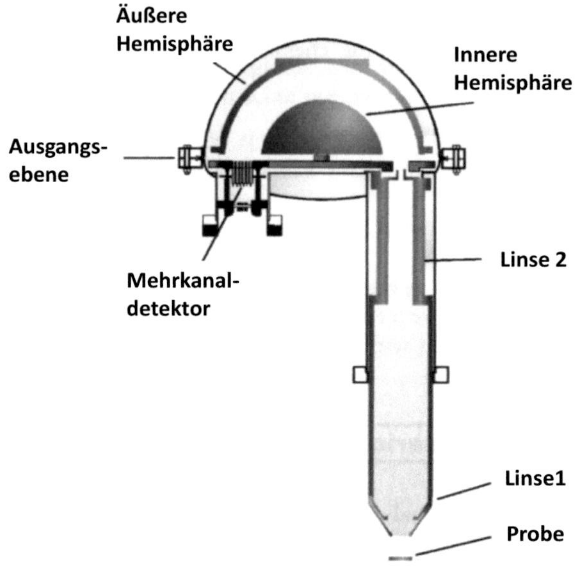

Abbildung 3.29

Schematischer Aufbau eines Halbkugelanalysators, nach [Watts 2003].

Diese Messung muss in Ultrahochvakuum (UHV) zwischen 10^{-8} - 10^{-10} mbar durchgeführt werden, um eine Streuung der austretenden Elektronen zu vermeiden und Fehlmessungen von anderen Atomen, die sich auf der Oberfläche absetzten könnten, zu vermeiden. Bei metallischen Werkstoffen muss die Probe noch zusätzlich geerdet werden. Um die Zusammensetzung eines Werkstoffes in einer bestimmten Tiefe zu erhalten, wird die Oberfläche mit einem Ionenstrahl bis zu einer gewünschten Tiefe gesputtert und anschließend wieder mit dem XPS-System gemessen. Mit dieser Methode wurden Tiefenprofile der gelaufenen und ungelaufenen Proben erstellt.

3.6.2 Röntgenmikroanalyse (EDX)

Die Röntgenmikroanalyse (auch Energiedispersive Röntgenspektroskopie, EDX) ist eine Variante der Elektronenmikroskopie, bei der die charakteristische Röntgenstrahlung der Elemente genutzt wird, um die chemische Zusammensetzung an und nahe der Oberfläche zu bestimmen. Die Untersuchungen wurden an einem EVO MA 10 Rasterelektronenmikroskop der Firma Carl Zeiss Microscopy GmbH, Jena durchgeführt. Für die Röntgenmikroanalyse wurde ein Silizium Drift Detektor X-MAX 50 der Firma Oxford Instruments, Großbritannien verwendet. Die Strahlelektronen treffen auf die zu untersuchende Oberfläche und stoßen aus den kernnahen Schalen der Atome Elektronen heraus. Die fehlenden Elektronen werden dann von weiter entfernt liegenden Elektronen ersetzt. Aufgrund der Energiedifferenz der Elektronenschalen wird charakteristische Röntgenstrahlung emittiert. Der Silizium-Drift-Detektor fängt die Röntgenquanten auf und wandelt diese in elektrische Impulse um. Ein Vielkanalanalysator ordnet die Impulse einer Energieskala zu und stellt damit ein Spektrum dar. Ein Spektrum ist die Impulsanzahl als Funktion der Energie. Dieses Röntgenspektrum enthält Spektrallinien, mit denen die Elementzusammensetzung der Probenoberfläche gemessen werden kann. Anhand der Intensität kann der prozentuale Anteil der einzelnen Elemente bestimmt werden. Die Energie des Elektronenstrahls bestimmt die Eindringtiefe und damit die Messtiefe [Flegler 1995]. Für eine möglichst hohe Oberflächensensitivität wurde eine Spannung von 5 keV gewählt. Die Eindringtiefe für diese Spannung liegt bei ca. 2 µm. Mit dieser Methode wurden Elementmappings der Stifte und der Platten durchgeführt, um die flächenmäßige Verteilung zu bestimmen.

4 Ergebnisse

In den folgenden Kapiteln werden zunächst die Ergebnisse der Voruntersuchungen an den verschiedenen Messinglegierungen dargestellt. Des Weiteren werden die Ergebnisse der Versuche am *in-situ* Tribometer und die *ex-situ* Analysen von gut/stabil und schlecht/instabil eingelaufenen Versuchen präsentiert. Die dargestellten Versuche sind typische Versuche, die repräsentativ für jeweils gut/stabil und schlecht/instabil eingelaufene Versuche jeder untersuchten Legierung sind.

4.1 Voruntersuchungen

Eine Reihe von Voruntersuchungen waren nötig, um den Ausgangszustand der verwendeten Werkstoffe zu bestimmen. Um reproduzierbare Ergebnisse sicherzustellen ist es wichtig, dass die Werkstoffe für jeden Versuch im gleichen Ausgangszustand vorliegen. Die Messingplatten wurden aufgrund des unterschiedlich vorliegenden Werkstoffzustandes im Anlieferungszustand bei 650 °C für 40 Minuten lösungsgeglüht und damit unabhängig von der Vorgeschichte auf den jeweils weichsten Zustand gebracht. Die 1.3505 Kugeln lagen immer in einem komplett durchgehärteten Zustand vor. Stichproben zeigten, dass der gleiche Ausgangszustand für jede Kugel gewährleistet war.

4.1.1 Chemische Zusammensetzung

Die chemische Zusammensetzung der angelieferten Messingplatten wurde mit einer Mikrosonde des Typs CAMECA CAMEBAX MIKROBEAM bestimmt. Abbildung 4.1 zeigt die Cu-Zn-Zusammensetzung der Messingplatten. Es ist zu sehen, dass die Elementverteilung innerhalb der Toleranzen der Norm für Messinglegierungen liegt und es keine gravierenden Abweichungen gibt.

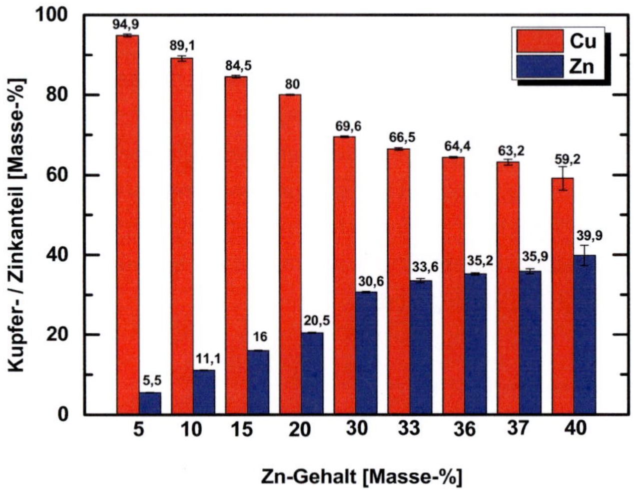

Abbildung 4.1

Chemische Zusammensetzung der Messinglegierungen.

4.1.2 Mikrostruktur und Korngrößenanalyse

Die weichgeglühten Platten wurden wie in Kapitel 3.5.2 beschrieben metallografisch poliert und eine Untersuchung der Korngröße durchgeführt. Dies ermöglicht einen Vergleich zwischen Ausgangszustand und der Veränderung der Mikrostruktur durch eine Reibbelastung. Weitergehend sollte durch diese Untersuchung festgestellt werden, ob der Glüh- und Abkühlprozess richtig erfolgt ist und in allen für die Reibversuche verwendeten Proben nur α-Phase vorliegt. Abbildung 4.2 zeigt die angeätzten Schliffe von Kupfer (Cu) bis zu CuZn40 reichend. Bei allen Schliffbildern unterhalb 37% Zn-Gehalt sind Verformungszwillinge und ein sehr homogenes Gefüge zu erkennen. Dies ist ein typisches Merkmal der α-Phase. CuZn37 zeigt einen sehr geringen Anteil an β-Phase. CuZn40 zeigt, wie erwartet, einen Anteil an α-Phase (ca. 60%) und einen hohen Anteil an β-Phase (ca. 40%) und unterscheidet sich damit deutlich von den anderen Legierungen.

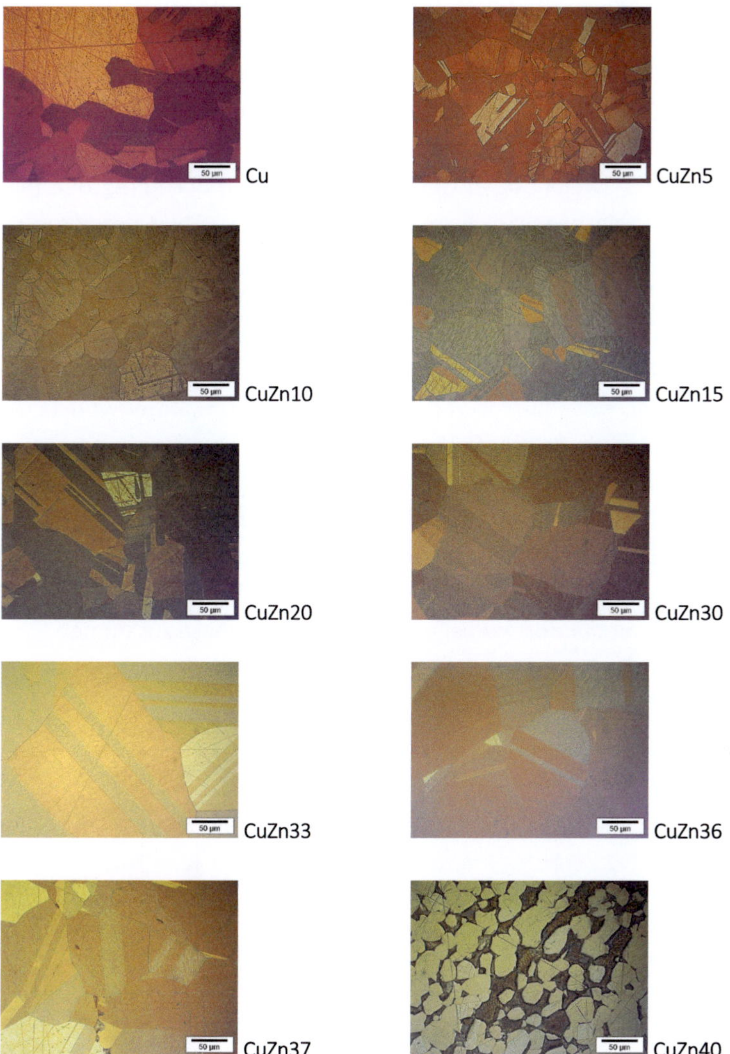

Abbildung 4.2

Lichtmikroskopische Aufnahmen von polierten und geätzten Schliffen der Messinglegierungen.

Die ermittelten Korngrößen mit den dazugehörigen Härtewerten sind in Abbildung 4.3 zu sehen. CuZn5 weist eine mittlere Korngröße von 37 µm auf. Mit steigendem Zinkanteil bis 33% nimmt auch die Korngröße bis auf 174 µm zu. Mit weiter steigendem Zinkgehalt bis 37% fällt die Korngröße wieder bis auf 117 µm ab. CuZn40 wurde hier nicht weiter analysiert, da aufgrund des zweiphasigen Gefüges ein Vergleich der Korngröße mit den restlichen Legierungen nicht aussagekräftig ist. Die hier gezeigten Härtewerte wurden mit einem Fisherscope HM2000 bei einer Prüfkraft von 1 N und einer Haltezeit von 15 Sekunden ermittelt. Mit dieser Prüfkraft konnte die Diamantspitze ungefähr 50 µm in den Werkstoff eindringen. Damit kann ausgeschlossen werden, daß die Messwerte von eventuell vorhandenen Oberflächeneinflüssen verfälscht werden. Die Haltezeit von 15 Sekunden ist nötig, um Kriecheffekte bei weichen Werkstoffen ausschließen zu können. Die Härtewerte steigen erwartungsgemäß mit steigendem Zinkanteil von 60 HV bei Kupfer bis ca. 88 HV bei CuZn20 an. Zwischen CuZn20 und CuZn36 ist ein Plateau zu erkennen, das sich zwischen 82 und 87 HV bewegt. Erst bei CuZn40 beginnt die Härte stark auf 112 HV anzusteigen. Dies hängt mit der dort vorliegenden härteren β-Phase zusammen.

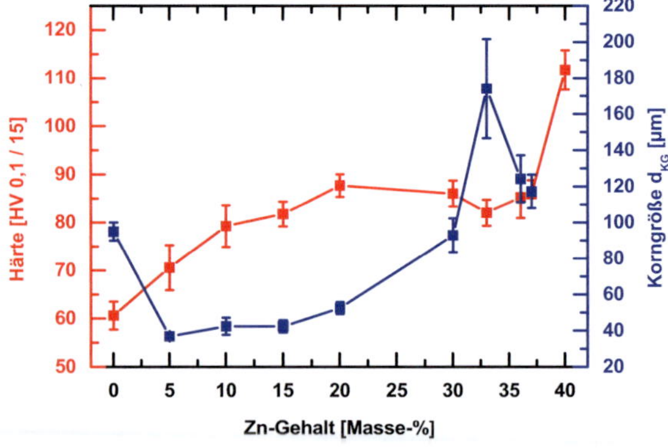

Abbildung 4.3

Härte und Korngröße der Messinglegierungen im weichgeglühten Ausgangszustand.

Ziel der Präparation war es, eine so geringe Änderung der Werkstoffstruktur wie möglich zu erreichen. Um einen Enblick in diese zu erhalten, wurden versuchsfertig präparierte Proben zusätzlich mit einem FIB untersucht. Abbildung 4.4 zeigt REM-Aufnahmen von FIB-Schnitten an der Oberfläche.

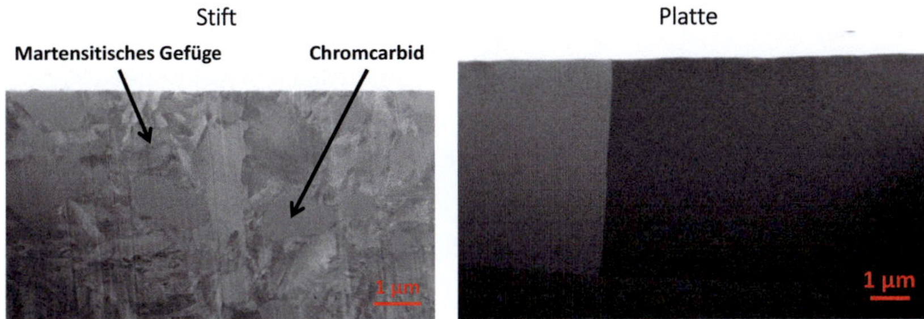

Abbildung 4.4

FIB-Schnitte eines selbstpolierten 1.3505 Stiftes (links) und einer maschinenpolierten CuZn10 Platte (rechts).

Auf der Aufnahme des Stiftes ist martensitisches Gefüge und Chromcarbide zu erkennen. Der Poliervorgang zeigt hier keinen Einfluss auf die Mikrostruktur im auflösbaren Bereich des REM`s. Auch bei der polierten CuZn10 Platte ist kein Einfluss des Polierprozesses auf die Mikrostruktur zu erkennen. Da alle Messinglegierungen eine so geringe oder keine Veränderung aufwiesen, wurde hier exemplarisch nur CuZn10 dargestellt.

4.1.3 Oberflächenrauheit

Die Oberflächenrauheit wurde von allen maschinenpolierten Messingplatten und Stahlstiften mit Hilfe eines Weisslichtinterferometers bestimmt. Dies war nötig, um eine gleichbleibende Oberflächenbeschaffenheit für alle Versuche zu gewährleisten. Abbildung 4.5 zeigt die Aufnahme von einem typischen polierten 1.3505 Stift. Die Rauheit der Stifte, die für die Versuche eingesetzt wurden, beträgt R_a=15,4$\pm$8 nm. Dieser Wert ist gemittelt aus mehreren Chargen und Stiften. Im Profilschnitt ist eine leichte Rundheit der Stiftoberfläche zu erkennen. Diese Balligkeit rührt vom Polierprozess her und ist nicht zu vermeiden.

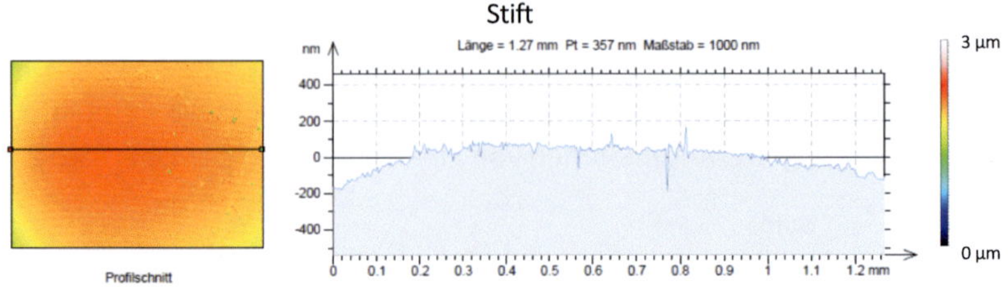

Abbildung 4.5

Weisslichtinterferometeraufnahme (links) mit Profilschnitt (rechts) einer polierten Stiftoberfläche.

Die Rauheit der maschinenpolierten Platten beträgt Ra=20,1±9,4 nm. Dieser Wert ist ein Mittelwert aus allen Messinglegierungen. Da die Oberflächenbeschaffenheit der Proben immer gleich war, wird hier nur exemplarisch eine WLI Aufnahme einer Legierung gezeigt. In Abbildung 4.6 ist eine Weisslichtinterferometeraufnahme einer CuZn5 Platte mit dem dazugehörigen Profilschnitt zu sehen. Darin sind deutlich die feinen Polierriefen von wenigen Nanometer Tiefe zu erkennen.

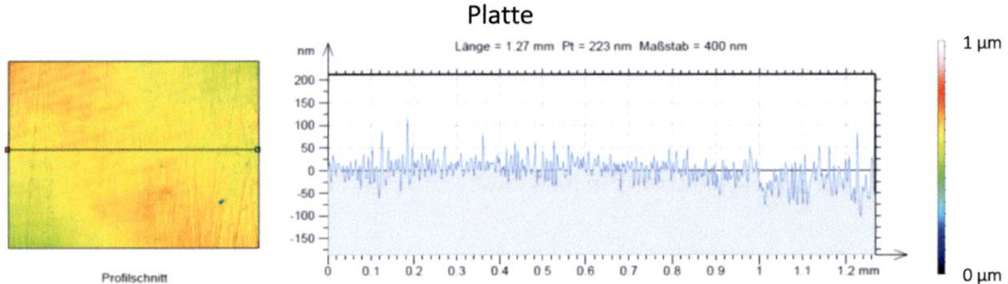

Abbildung 4.6

Weisslichtinterferometeraufnahme (links) mit Profilschnitt (rechts) einer maschinenpolierten CuZn5 Oberfläche.

4.1.4 Chemische Analyse

Um eine chemische Veränderung der oberflächennahen Bereiche auszuschließen, wurden XPS-Tiefenprofile an den polierten Stiften und Messingplatten durchgeführt. Die Ergebnisse sind in Abbildung 4.7 zu sehen. Die linke Seite zeigt das typische Tiefenprofil eines Stiftes. Die Veränderung der oberflächennahen Bereiche reicht bis in eine Tiefe von ca. 10 nm. In einer Tiefe von 2,5 nm ist eine starke Erhöhung des Sauerstoffs auf 50% zu erkennen. Der größte Anteil an Sauerstoff ist als Eisenoxid gebunden, da Eisen sehr sauerstoffaffin ist. Der hohe Kohlenstoff/Kohlenwasserstoff (C/CH_X) Anteil in den ersten Nanometern ist durch den Einsatz eines Kühl- und Schmiermittels während des Poliervorgangs zu erklären. Kohlenstoff wird als C/CH_X angegeben, da mit dem XPS nicht zwischen reinem und an Wasserstoff gebundenem Kohlenstoff unterschieden werden kann. Auf der rechten Seite ist ein typisches Tiefenprofil einer maschinenpolierten CuZn5 Platte zu erkennen. Diese wird beispielhaft hier angeführt, da die anderen Messinglegierungen ein sehr ähnliches Tiefenprofil aufweisen. Es ist eine Veränderung des oberflächennahen Bereichs bis zu einer Tiefe von ca. 15 nm zu sehen. In diesem Bereich ist eine Anreicherung von C/CH_X zu sehen, die von 75% in den ersten Nanometern auf 0% in einer Tiefe von 15 nm abfällt. Dies ist wieder durch das eingesetzte Kühl- und Schmiermittel beim Polierprozess zu erklären. In den ersten 15 nm gibt es auch eine leichte Erhöhung von O (max. 15%) und Zink (max. 8,5%). Die leichte Erhöhung des Zinks könnte durch Diffusionsprozesse entstanden sein, die durch den Temperatureintrag beim Polierprozess ausgelöst wurden.

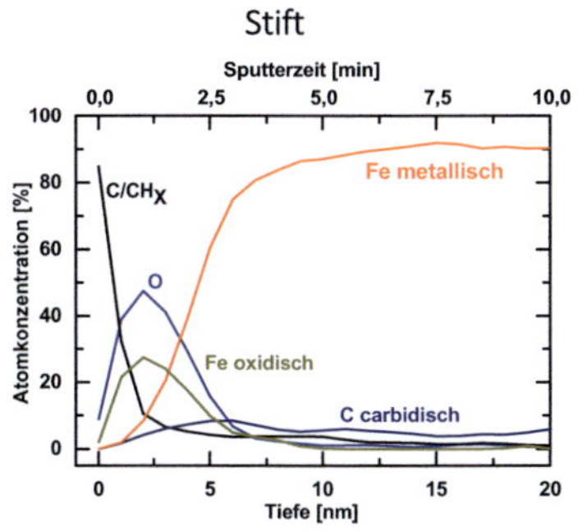

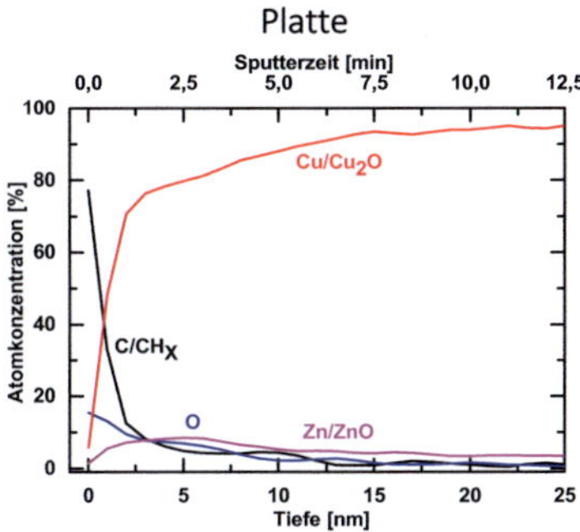

Abbildung 4.7

XPS-Tiefenprofile von poliertem 1.3505 Stift (links) und CuZn5 Platte (rechts) im Ausgangszustand.

4.2   Reibwerte und Topographie

In diesem Kapitel werden die Reibwerte in Korrelation mit der Rauheit und Topographie von gut und schlecht eingelaufenen Vesuchen von allen Messinglegierungen vorgestellt. Die hier dargestellten Versuche sind typische Versuche, die repräsentativ für jeweils gut und schlecht eingelaufene Versuche jeder untersuchten Legierung sind. Hat bei einer Legierung kein guter Einlauf im hier untersuchten Lastbereich stattgefunden, kann zwischen stabilem und instabilem Einlauf unterschieden werden. Die Rauheitswerte wurden aus den Topographieaufnahmen des DHMs bestimmt. Die dargestellten Reibwerte sind genau die Werte, die an der Stelle der DHM-Aufnahmen auftreten.

4.2.1   CuZn5

In Abbildung 4.8 sind jeweils in der oberen Hälfte die Reibwerte μ (blau) und die arithmetische Flächenrauheit S_a (schwarz) über der Zyklenzahl eines gut (a) und eines schlecht (b) eingelaufenen Versuchs auf CuZn5 aufgetragen. Die Flächenrauheit S_a beschreibt die untersuchte Oberfläche integral und wurde ausgewählt, da sie sehr gut geeignet ist, um die Entwicklung der Rauheit und die Probenglättung des gesamten Bildausschnittes zu untersuchen. In der unteren Hälfte befinden sich Topographieaufnahmen, die während des Versuchs aufgenommen wurden. Der sichtbare Bildausschnitt beträgt 89 µm x 89 µm. Die roten Zahlen innerhalb der Graphiken zeigen die Zeitpunkte an, an denen die Topographieaufnahmen gemacht wurden. Die Versuche sind zwischen 2,3 und 2,9 MPa gut eingelaufen. Die Reibwerte des ersten Zyklus sind für beide Versuche sehr gering, steigen aber danach innerhalb weniger Zyklen auf Werte von über 0,3 an. Der Reibwert des gut eingelaufenen Versuchs fällt von diesem Maximum von 0,3 durchgehend bis auf unter 0,05 nach 3000 Zyklen ab und bleibt relativ konstant und stabil bis zum Versuchsende auf diesem Level. Die Schwankungsbreite der Reibwerte beträgt ca. 0,03. Die Flächenrauheit S_a zeigt eine gute Korrelation zu den Reibwerten. Sie steigt parallel zum Reibwert innerhalb der ersten Zyklen auf ca. 70 nm und fällt dann kontinu-

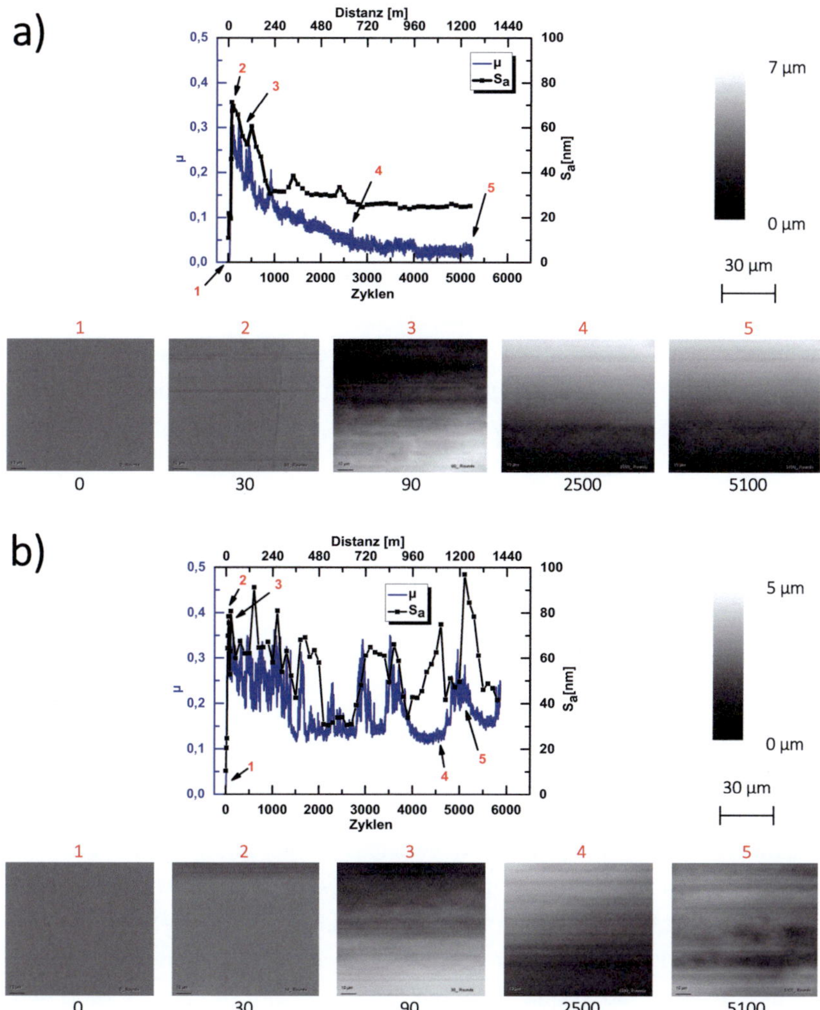

Abbildung 4.8

Reibungskoeffizient μ in Korrelation mit der Flächenrauheit S_a und dazugehörige Topographieaufnahmen eines gut (a) und schlecht (b) eingelaufenen Versuchs auf CuZn5. Beide Versuche wurden unter Ölschmierung mit PAO-8 bei einer Geschwindigkeit von 20 mm/s mit Stiften aus 100Cr6 durchgeführt. Der Druck betrug bei dem gut eingelaufenen Versuch 2,7 MPa und bei dem schlecht eingelaufenen Versuch 3,9 MPa.

ierlich auf ca. 30 nm bei 800 Zyklen und bleibt bis zum Ende des Versuchs konstant. Dieses Verhalten korreliert auch gut mit Topographiebildern. Bis Zyklus 90 verändert sich die Oberfläche stark nach jedem Zyklus (Aufnahmen 1-3). Mit zunehmender Zyklenzahl verändert sich die Oberfläche immer weniger und bleibt bis Versuchsende nahezu konstant (Aufnahmen 4 und 5). Der schlecht eingelaufene Versuch hingegen schwankt während der gesamten Versuchsdauer zwischen Reibwerten von 0,13 und 0,35 und weist eine deutlich größere Streuung auf als der gut eingelaufene Versuch. Für einige Zyklen, zwischen Zyklus 4100 und 4600 ist es sehr ausgeprägt, bleibt der Reibwert konstant mit geringer Streuung. Fast über die gesamte Versuchsdauer gibt es eine gute Korrelation zwischen Reibwert und Flächenrauheit. Sie schwankt zwischen 30 nm und 90 nm und ist deutlich größer als bei dem gut eingelaufenen Versuch. Die Topographieaufnahmen zeigen starke Änderungen der Oberfläche während des gesamten Versuches, auch Verschleißpartikel sind zu erkennen (Aufnahme 5). Nur bei konstanten Reibwerten zwischen Zyklus 4100 und 4600 bleibt die Topographie relativ konstant.

4.2.2   CuZn10

Die Reibwerte, Flächenrauheiten und Topographiebilder der gut (a) und schlecht (b) eingelaufenen Versuche an CuZn10 sind in Abbildung 4.9 dargestellt. Die Versuche sind zwischen 1 und 3,5 MPa gut eingelaufen. Der Reibwert des gut eingelaufenen Versuchs steigt innerhalb der ersten 4 Zyklen auf 0,42 und fällt anschließend bis Zyklus 2000 auf Reibwerte von ca. 0,12 und bleibt bis zum Ende des Experiments auf diesem Niveau. Die Streuung des Reibwertes beträgt ca. 0,08. Die Flächenrauheiten schwanken in den ersten 1000 Zyklen zwischen 59 und 77 nm. Ab Zyklus 1000 wird diese Schwankung geringer. Die Rauheit schwankt hier zwischen 55 und 61 nm. Obwohl der Reibwert stark in den ersten 2000 Zyklen abnimmt, bleiben die Flächenrauheiten auf einem relativ konstanten Level von ca. 60 nm. Die Oberflächentopographie ändert sich während des gesamten Versuchs, ist aber ab Zyklus 2000 (Aufnahmen 3 bis 5) glatter als in dem Bereich der hohen Reibwerte bei Zyklus 96 (Aufnahme 2). Der schlecht einge-

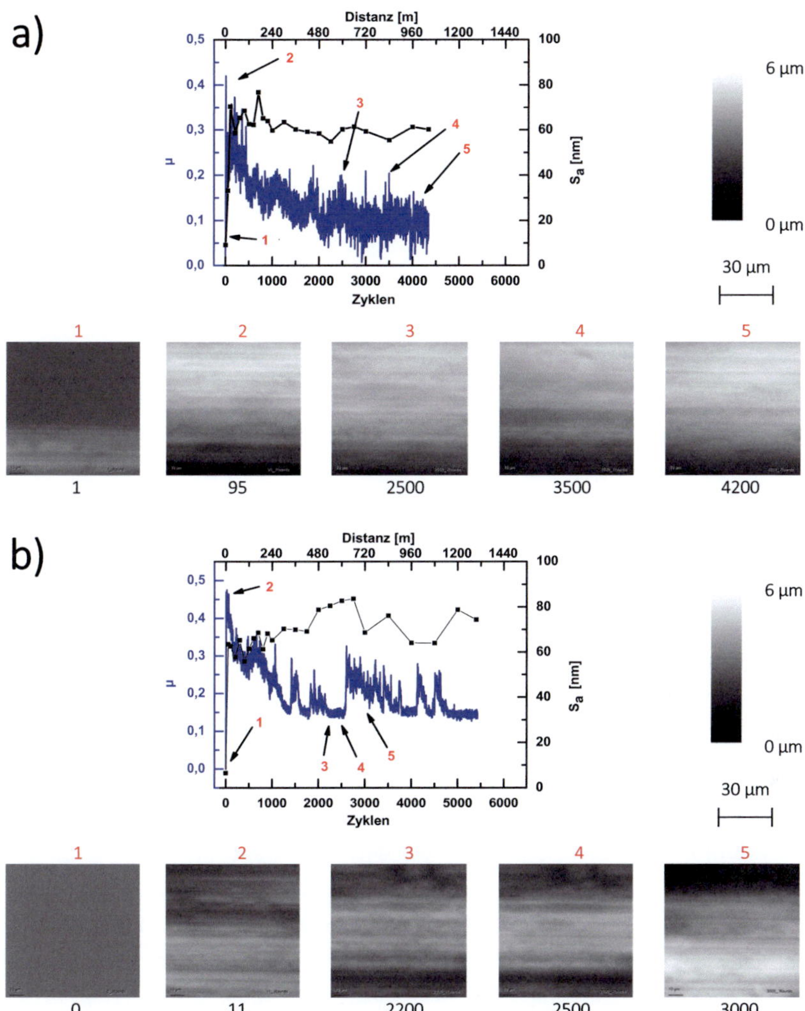

Abbildung 4.9

Reibungskoeffizient μ in Korrelation mit der Flächenrauheit S_a und dazugehörige Topographieaufnahmen eines gut (a) und schlecht (b) eingelaufenen Versuchs auf CuZn10. Beide Versuche wurden unter Ölschmierung mit PAO-8 bei einer Geschwindigkeit von 20 mm/s mit Stiften aus 100Cr6 durchgeführt. Der Druck betrug bei dem gut eingelaufenen Versuch 1 MPa und bei dem schlecht eingelaufenen Versuch 3,85 MPa.

laufene Versuch (Abbildung 4.9 b) zeigt höhere Reibwerte als der gut eingelaufene. Der Reibwert steigt innerhalb von 6 Zyklen auf einen Wert von 0,47 und fällt dann kontinuierlich, aber mit starken Schwankungen, auf 0,16 bei 1300 Zyklen ab. Ab hier weist der Reibwert sowohl stabile Phasen auf, die bei 0,16 liegen, als auch instabile Phasen, bei denen der Reibwert bis auf 0,33 (Zyklus 2600) ansteigt. Die Flächenrauheit steigt auch innerhalb der ersten 10 Zyklen auf 64 nm an. Diese verhält sich bis Zyklus 2000 umgekehrt proportional zum Reibwert und steigt weiter bis Zyklus 3000 auf 85 nm an. Ab hier schwankt sie zwischen 60 und 80 nm bis zum Versuchsende. Die Oberflächentopographie ändert sich während des gesamten Versuchs. Nur dort, wo sich der Reibwert auf 0,16 befindet und geringe Schwankung aufweist, ändert sie sich nicht. Dies zeigen die Aufnahmen 3 und 4, die den Bereich von 2200 bis 2500 Zyklen repräsentieren. Ungefähr ab Zyklus 2000 sind Verschleißpartikel auf den Topographieaufnahmen zu erkennen (Aufnahmen 3 bis 5).

4.2.3 CuZn15

Die Ergebnisse zu zwei repräsentativen Versuchen auf CuZn15 zeigt Abbildung 4.10. Bei Betrachtung der Reibwerte hat bei dieser Legierung im untersuchten Lastbereich kein guter Einlauf stattgefunden, da der Reibwert sich um weniger als 0,1 nach dem Einlauf erniedrigt hat. Ein Unterschied zwischen beiden Versuchen ist hauptsächlich in der Stabilität der Reibwerte nach dem Einlauf zu sehen. Daher werden die Versuche in stabil eingelaufen (a) und instabil eingelaufen (b) unterschieden. Die Versuche mit CuZn15 zeigen stabiles Einlaufverhalten in einem sehr engen Druckbereich zwischen 1,3 und 1,7 MPa. Die Reibwerte des stabil eingelaufenen Versuchs (a) steigen sofort beim zweiten Zyklus auf den Maximalwert von 0,22 und fallen dann bis Zyklus 2000 auf Mittelwerte von 0,15 und schwanken dann leicht um diesen Wert mit geringer Reibwertänderung bis Versuchsende. Die Flächenrauheit steigt auch sofort auf einen Wert von 55 nm und oszilliert um diesen mit Maximal- und Minimalwerten von 61 bis 46 nm bis zum Ende des Versuchs. Die Topographieaufnahmen zeigen, dass die Oberfläche beim zweiten Zyklus (Aufnahme 1) sehr inhomogen, rau und mit

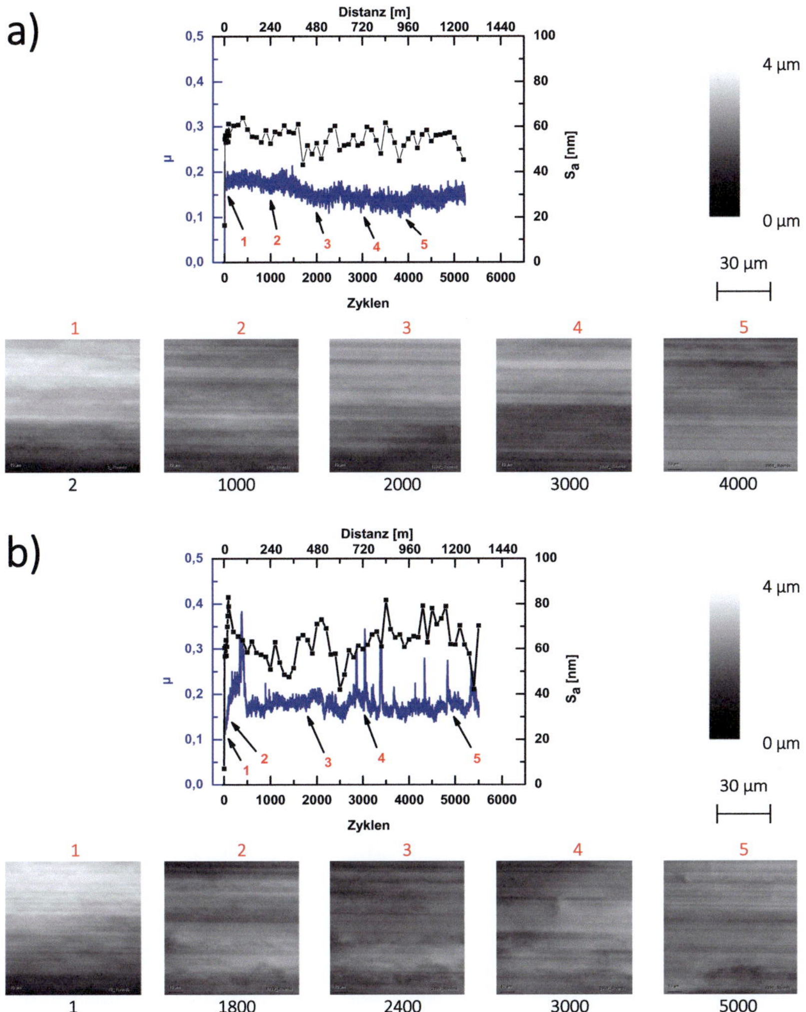

Abbildung 4.10

Reibungskoeffizient µ in Korrelation mit der Flächenrauheit S_a und dazugehörige Topographieaufnahmen eines stabil (a) und instabil (b) eingelaufenen Versuchs auf CuZn15. Beide Versuche wurden unter Ölschmierung mit PAO-8 bei einer Geschwindigkeit von 20 mm/s mit Stiften aus 100Cr6 durchgeführt. Der Druck betrug bei dem stabil eingelaufenen Versuch 1,6 MPa und bei dem instabil eingelaufenen Versuch 2,4 MPa.

Verschleißpartikeln bedeckt ist. Ab Zyklus 1000 bis zum Ende ist die Oberfläche homogener, glatter und frei von Verschleißpartikeln. Die Oberfläche ändert sich leicht bis zu Versuchsende, d. h. es dauert mehrere 100 Zyklen, bis sich der gesamte Bildausschnitt verändert hat. Der Reibwert des instabil eingelaufenen Versuchs (b) hingegen benötigt 370 Zyklen bis er sein Maximum von 0,38 erreicht hat. Nach dem Maximum fällt der Reibwert bis Zyklus 500 auf 0,18 ab und oszilliert bis Versuchsende um diesen Wert. Ab und an gibt es Reibwertspitzen, die bis zu einem Wert von 0,35 hinaufreichen. Diese Reibwertspitzen sind nur einige zehn Zyklen lang und danach fällt der Reibwert wieder auf 0,18 ab. Auch ist ein Unterschied zwischen stabil und instabil eingelaufenem Versuch in der Rauheit zu sehen. Die Rauheit des instabil eingelaufenen Versuchs ist etwas höher und weist zudem höhere Schwankungen als der stabil eingelaufene Versuch auf. Die Flächenrauheit steigt in den ersten 90 Zyklen bis auf 83 nm an und fällt bis 1500 Zyklen auf 48 nm ab und schwankt bis Versuchsende zwischen 42 und 82 nm. Die Rauheit korreliert ab Zyklus 2000 gut mit dem Reibwert und steigt bei Reibwertpeaks mit an. Die Topographieaufnahmen zeigen eine große Rauheit der Oberfläche bis ca. Zylus 500 (Aufnahme 1). Danach glättet sich die Oberfläche ein und bleibt so lange relativ konstant, bis ein Reibwertpeak auftritt. Dann wird innerhalb weniger Zyklen die gesamte Topographie verändert. Bei dem instabil eingelaufenen Versuch sind deutlich mehr Verschleißpartikel auf der Oberfläche zu sehen als bei dem stabil eingelaufenen Versuch (Aufnahmen 3 bis 5).

4.2.4   CuZn20

Abbildung 4.11 enthält die Ergebnisse von zwei typischen Versuchen der Legierung CuZn20. Auch bei dieser Legierung hat bei Betrachtung des Reibwertes im untersuchten Lastbereich kein guter Einlauf stattgefunden, da der Reibwert nach dem Einlauf um weniger als 0,1 abgenommen hat. In der Stabilität und Streuung des Reibwertes nach dem Einlauf sind nur geringe Unterschiede zu erkennen. Eine Unterscheidung wird hier dennoch getroffen, da sich in den folgenden Kapiteln noch weitere Unterschiede zwischen beiden Versuchen herausstellen werden. Beispielsweise weisen

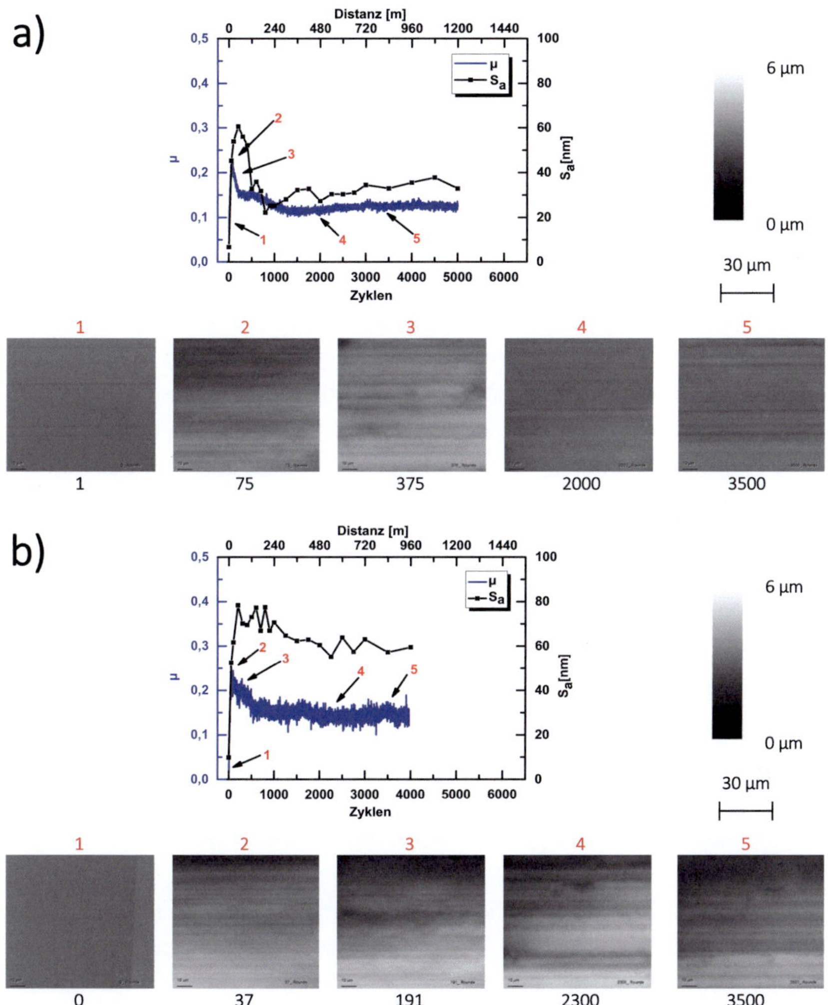

Abbildung 4.11

Reibungskoeffizient µ in Korrelation mit der Flächenrauheit S_a und dazugehörige Topographieaufnahmen eines stabil (a) und instabil (b) eingelaufenen Versuchs auf CuZn20. Beide Versuche wurden unter Ölschmierung mit PAO-8 bei einer Geschwindigkeit von 20 mm/s mit Stiften aus 100Cr6 durchgeführt. Der Druck betrug bei dem stabil eingelaufenen Versuch 7,2 MPa und bei dem instabil eingelaufenen Versuch 14,5 MPa.

die Rauheitswerte und deren Verlauf deutliche Unterschiede auf. Daher werden die Versuche, ähnlich wie bei CuZn15, die eine geringe Streuung im Reibwert (hier 0,02) und geringe Rauheit nach dem Einlauf aufweisen in stabil eingelaufen und Versuche mit einer größeren Reibwertstreuung (hier 0,04) und höherer Rauheit nach dem Einlauf in instabil eingelaufen unterschieden. CuZn20 zeigt einen stabilen Einlauf zwischen Drücken von 3 und 9 MPa. Die Reibwerte des stabil eingelaufenen Versuchs (Abbildung 4.11 a)) steigen innerhalb der ersten Zyklen auf 0,22 und sinken ab dort konstant auf einen Reibwert von 0,13 bei ca. 1000 Zyklen und bleiben bis zum Ende des Versuchs auf diesem Wert. Auffällig ist die geringe Streuung des Reibwerts von ca. 0,02. Die Flächenrauheit korreliert hier sehr gut mit dem Reibwert. Sie steigt innerhalb der ersten Zyklen auf 60 nm und fällt auf bis zu 22 nm bei 800 Zyklen. Ab dort schwankt sie zwischen 30 und 40 nm. Die Topographieaufnahmen zeigen auch eine große Rauheit und starke Veränderungen der Oberfläche während den ersten 800 Zyklen (Aufnahmen 1 bis 3). In Aufnahme 3 sind drei Verschleißpartikel zu sehen. Danach wird die Oberfläche deutlich glatter und ist bis Versuchsende nur noch geringen Änderungen unterworfen (Aufnahmen 4 und 5). Der instabil eingelaufene Versuch (Abbildung 4.11 b)) zeigt innerhalb der ersten Zyklen Reibwerte bis 0,25. Zwischen Zyklus 25 und 1000 fällt der Reibwert auf 0,15 und bleibt bis zum Versuchsende auf diesem Wert. Bei dieser Legierung ist der Unterschied im Reibwert zwischen stabil und instabil eingelaufenen Versuchen nur marginal. Ein etwas deulicherer Unterschied liegt in der Streuung der Reibwerte. Die Streuung des Reibwertes des instabil eingelaufenen Versuchs ist mit 0,04 doppelt so hoch wie die des stabil einglaufenen Versuchs. Die Flächenrauheit zeigt auch hier eine Korrelation mit dem Reibwert, steigt aber bis 80 nm in den ersten Zyklen an und weist einen nicht so starken Abfall wie die des stabil eingelaufenen Versuchs auf. Hier fällt sie nach ungefähr 1000 Zyklen nur auf Werte von 60 nm und bleibt bis zum Ende des Versuchs konstant und ist damit ca. doppelt so hoch wie die Rauheit im stationären Zustand des stabil eingelaufenen Versuchs. Dies zeigt sich auch in den Topographiebildern. Die Oberfläche ist während des gesamten Versuchs Änderungern unterworfen und ist stärker zerklüftet als die des stabil eingelaufenen Versuchs. Sie ändert sich nach jedem Zyklus und weist während des gesamten Versuchs Verschleißpartikel auf (Aufnahmen 3 bis 5).

4.2.5 CuZn36

Die Reibwerte, Flächenrauheiten und Topographieaufnahmen der Versuche an CuZn36 sind in Abbildung 4.12 dargestellt. Guter Einlauf (Abbildung 4.12 a)) hat bei dieser Legierung zwischen Drücken von 1,5 bis 3,2 MPa stattgefunden. Der Reibwert des gut eingelaufenen Versuchs steigt innerhalb von 400 Zyklen auf ein Maximum von 0,31 und nimmt dann konstant bis ungefähr Zyklus 2000 auf 0,17 ab und unterscheidet sich damit deutlich von dem schlecht eingelaufenen Versuch. Bis zum Ende des Versuchs bleibt der Reibwert relativ konstant. Die Streuung des Reibwerts beträgt 0,035. Die Flächenrauheit verläuft analog zum Reibwert. Sie steigt in den ersten 400 Zyklen bis auf 87 nm und fällt mit dem Reibwert auf ein Niveau von ca. 45 nm bei 2000 Zyklen. Ab dort bleibt sie bis Versuchsende konstant niedrig und schwankt zwischen 39 und 48 nm. Die Topographieaufnahmen zeigen eine zunehmende Rauheit bis Zyklus 400 (Aufnahmen 1 bis 3). Während der Reibwert erhöht ist, sind auch Verschleißpartikel vorhanden (Aufnahme 3) und die Oberfläche wird bei jedem Zyklus verändert. Erst ab ca. Zyklus 2000 ist die Oberfläche glatter (Aufnahme 4 und 5) und wird nicht mehr nach jedem Zyklus verändert. Der schlecht eingelaufene Versuch auf CuZn36 (Abbildung 4.12 b)) weist etwas langsamer steigende Reibwerte auf als der gut eingelaufene Versuch. Erst bei Zyklus 350 ist das Maximum mit 0,37 erreicht. Ab dort verläuft der Reibwert bis zum Versuchsende konstant auf ca. 0,33 mit einer Streuung von ca. 0,05. Die Flächenrauheit verhält sich ähnlich. Sie steigt innerhalb der ersten 600 Zyklen bis auf 80 nm und schwankt danach bis zum Ende des Versuchs zwischen 60 und 69 nm. Die Topographie ändert sich während der ersten 800 Zyklen ständig nach jedem Zyklus. Ab Zyklus 700 treten verstärkt Verschleißpartikel auf, die bis zum Versuchsende immer zu sehen sind. Die Oberfläche ist zwar rau, ändert sich aber nicht mehr nach jedem Zyklus und bleibt für mehrere Zyklen nahezu konstant. Wenn aber eine Änderung stattfindet, dann verändert sich der gesamte Bildausschnitt innerhalb weniger Zyklen.

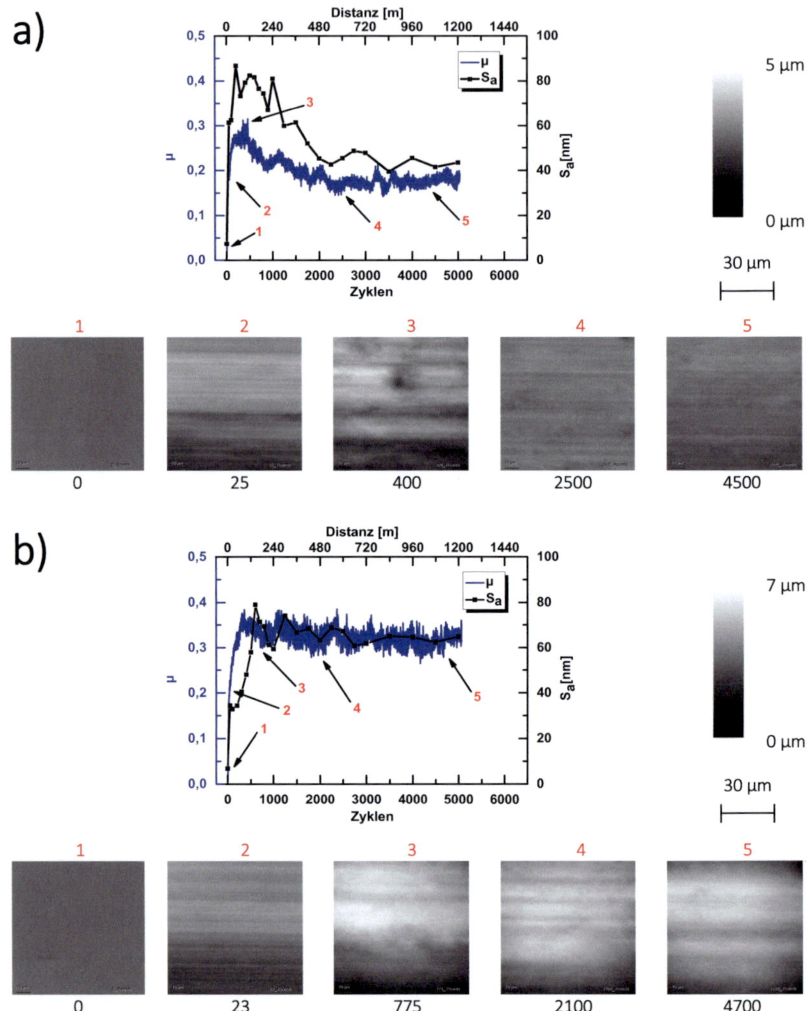

Abbildung 4.12

Reibungskoeffizient μ in Korrelation mit der Flächenrauheit S_a und dazugehörige Topographieaufnahmen eines gut (a) und schlecht (b) eingelaufenen Versuchs auf CuZn36. Beide Versuche wurden unter Ölschmierung mit PAO-8 bei einer Geschwindigkeit von 20 mm/s mit Stiften aus 100Cr6 durchgeführt. Der Druck betrug bei dem gut eingelaufenen Versuch 2,8 MPa und bei dem schlecht eingelaufenen Versuch 3,3 MPa.

4.3 Verschleiß

In diesem Kapitel werden die Ergebnisse der Verschleißmessungen mit verschiedenen Methoden vorgestellt. Im letzten Unterkapitel werden die Ergebnisse der unterschiedlichen Messmethoden miteinander verglichen.

4.3.1 Radionuklidtechnik

Mit Hilfe der RNT-Technik wurden Verschleißversuche auf CuZn5 durchgeführt. Abbildung 4.13 zeigt die Ergebnisse für zwei gut und zwei schlecht eingelaufene Versuche. Es werden hier jeweils zwei Versuche dargestellt, um die gute Reproduzierbarkeit zu verdeutlichen.

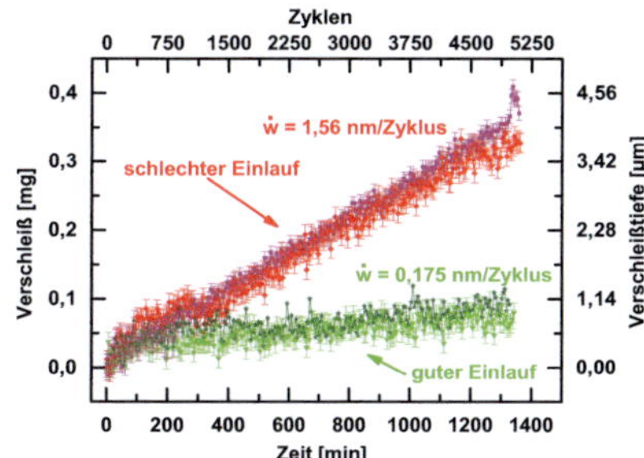

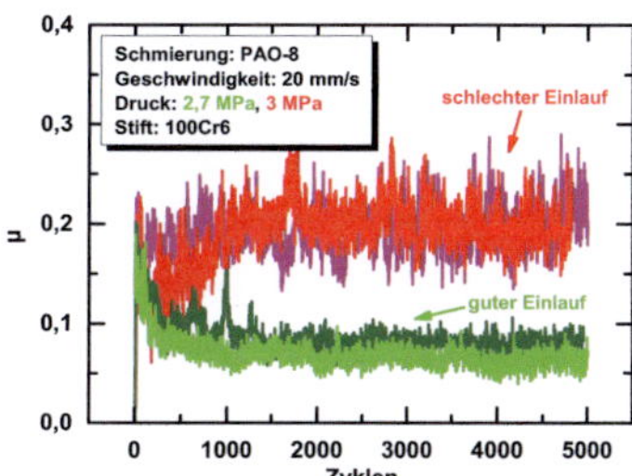

Abbildung 4.13

Verschleiß von CuZn5 von gut und schlecht eingelaufenen Versuchen bestimmt mit RNT-Technik (links). Dazugehörige Reibwerte und Versuchsparameter (rechts).

In den ersten 450 Zyklen zeigen sich sowohl bei gut als auch bei schlecht eingelaufenen Versuchen hohe Verschleißraten (dw/dt) von 1,56 nm/Zyklus. Die schlecht eingelaufenen Versuche behalten diese Verschleißrate bis zum Ende des Versuchs bis 5000 Zyklen bei. Der Verlauf des Verschleißes ist bei diesen Versuchen linear. Bei diesen Versuchen hat eindeutig kein guter Einlauf stattgefunden. Bei den gut eingelaufenen Versuchen ist die Verschleißrate nicht linear. Diese nimmt bei 450 Zyklen stark auf 0,175 nm/Zyklus ab und verläuft linear bis zum Ende der Versuche. Diese deutliche Abnahme der Verschleißrate ist ein Indikator dafür, dass die Versuche gut eingelaufen sind.

4.3.2 WLI

Der Verschleiß eines Versuchs kann auch mit einem Weisslichtinterferometer bestimmt werden. Hierbei kann allerdings das Verschleißverhalten während des Reibversuchs nicht untersucht werden. Es können nur *ex-situ* Untersuchungen nach dem Versuch durchgeführt werden. Dazu wurden nach Ende der Reibversuche WLI-Aufnahmen der Reibspur gemacht und mit Hilfe einer Software (Gwyddion) Querschnitte der Reibspuren aus diesen extrahiert.

Abbildung 4.14 zeigt die mit Hilfe eines WLI's ermittelten Querschnitte der Reibspuren aller fünf Messinglegierungen. Der gut eingelaufene Versuch an CuZn5 zeigt eine mittlere Verschleißtiefe von 0,65 µm. Dies entspricht einer Verschleißmasse von 0,03 mg. Am Rand der Verschleißspur ist eine leichte Randüberhöhung von ca. 2,5 µm vorhanden. Diese Überhöhung ist Material, das aus der Reibspur stammt und plastisch verformt wurde. Der schlecht eingelaufene Versuch weist eine mittlere Verschleißtiefe von 5,6 µm auf. Dies entspricht einer Verschleißmasse von 0,42 mg. Die Randüberhöhung ist hier mit bis zu 15 µm deutlich größer als bei dem gut eingelaufenen Versuch. Auch die Rauheit R_a ist bei dem schlecht eingelaufenen Versuch mit 0,49 µm höher als die des gut eingelaufenen Versuchs mit 0,19 µm. Die Querschnitte an CuZn10 zeigen ein ähnliches Bild. Der gut eingelaufene Versuch zeigt eine geringere Verschleißtiefe als der schlecht eingelaufene mit 0,92 µm zu 4,4 µm. Dies entspricht Verschleißmassen von 0,079 mg und 0,526 mg. Auch hier zeigt der schlecht eingelaufene Versuch eine doppelt so große Rauheit R_a von 0,46 µm zu 0,23 µm. Die Randüberhöhung des schlecht eingelaufenen Versuchs beträgt 13,8 µm und die des gut eingelaufenen Versuchs 1,5 µm. Bei CuZn15 ist die Verschleißtiefe bei beiden Versuchen relativ hoch. Diese beträgt bei dem stabil eingelaufenen Versuch 2,9 µm und bei dem instabil eingelaufenen 4,2 µm. Die Verschleißmassen betragen 0,109 mg und 0,19 mg. Die Rauheiten der beiden Versuche sind mit 0,14 und 0,19 wiederum sehr ähnlich. Die Randüberhöhungen fallen mit 0,5 µm für den stabil eingelaufenen und 2,2 µm für den instabil eingelaufenen Versuch relativ gering aus. Die Querschnitte der Reibspuren von

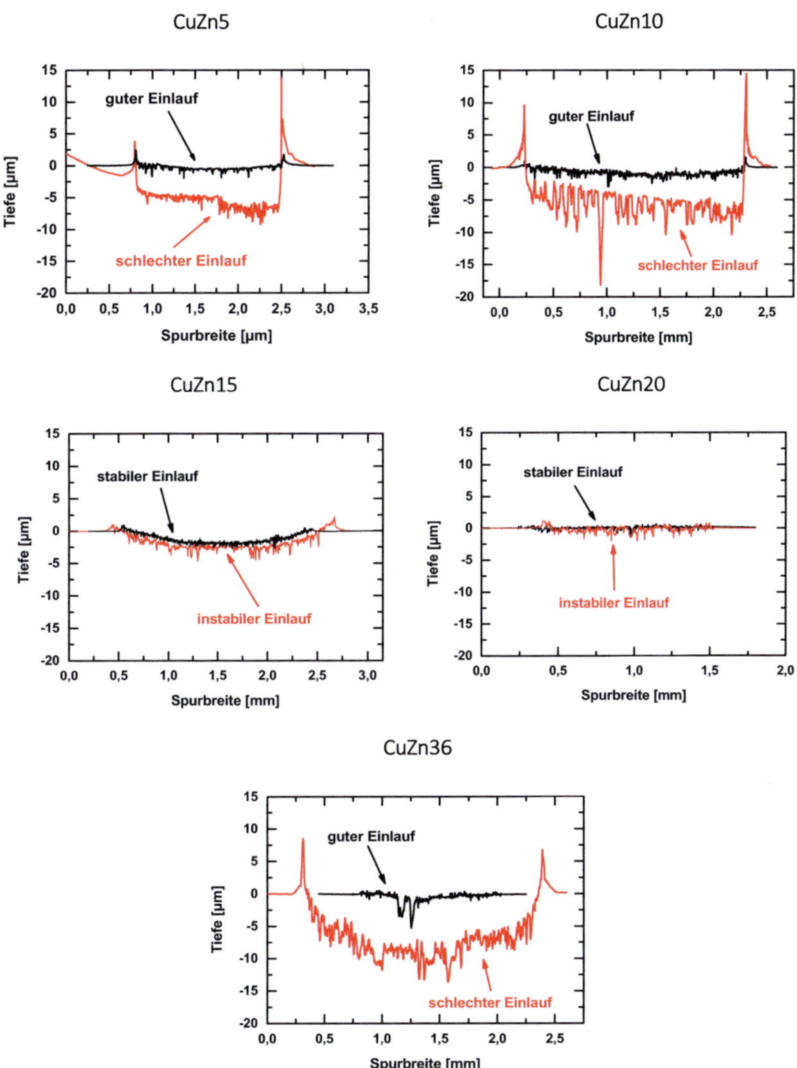

Abbildung 4.14

Querschnitte von WLI-Aufnahmen aller untersuchten Messinglegierungen. Die zugehörigen Reibwerte und Versuchsbedingungen sind in den Abbildungen 4.8 bis 4.12 dargestellt und beschrieben.

CuZn20 zeigen nur geringe Unterschiede in der Verschleißtiefe. Der stabil eingelaufene Versuch zeigt eine Verschleißtiefe von 0,5 µm, der instabil eingelaufene eine Tiefe von 0,93 µm. Die daraus errechneten Verschleißmassen betragen 0,01 mg und 0,129 mg. Die Randüberhöhungen sind mit 0,3 µm für den stabil eingelaufenen Versuch und mit 1,1 für den instabil eingelaufenen Versuch relativ gering. Auch die Rauheiten von 0,11 µm und 0,24 µm sind sehr gering. Die Querschnitte von CuZn36 zeigen einen großen Unterschied zwischen gut und schlecht eingelaufenen Versuchen. Die Verschleißtiefe des gut eingelaufenen Versuchs beträgt 1,6 µm, die des schlecht eingelaufenen 8,5 µm. Die Verschleißmassen sind dementsprechend 0,03 mg und 0,663 mg. Der gut eingelaufene Versuch zeigt hier keine messbare Randüberhöhung, wohingegen der schlecht eingelaufene eine Randüberhöhung von 8,4 µm aufweist. Die Rauheiten sind mit 0,17 µm und 1,04 µm auch sehr unterschiedlich und für den schlecht eingelaufenen Versuch mit Abstand am höchsten von allen durchgeführten Messungen.

In Tabelle 4.1 sind noch einmal zur besseren Übersicht alle ermittelten Werte aus den WLI-Aufnahmen zusammengestellt. Die weißen Felder zeigen die Ergebnisse der gut (CuZn5, 10, 36)/stabil (CuZn15, 20) eingelaufenen Versuche. Die dunkelgrau unterlegten Felder enthalten die Werte der schlecht (CuZn5, 10, 36)/instabil (CuZn 15, 20) eingelaufenen Versuche.

Tabelle 4.1

	CuZn5		CuZn10		CuZn15		CuZn20		CuZn36	
R_a [µm]	0,19	0,48	0,23	0,46	0,14	0,17	0,11	0,24	0,17	1,04
Verschleißtiefe [µm]	0,65	5,6	0,92	4,4	2,9	4,2	0,5	0,93	1,6	8,5
Verschleißmasse [mg]	0,027	0,42	0,079	0,526	0,109	0,19	0,001	0,129	0,03	0,663
Randüberhöhung [µm]	2,5	5,6	1,5	13,8	0,5	2,2	0,3	1,1	-	8,4

4.3.3 Normalkraftsensor

Wie vorhergehend schon erwähnt, lässt sich auch mit Hilfe des Normalkraftsensors der Verschleiß bestimmen. In Abbildung 4.15 sind die Weg- bzw. Normalkraftverläufe von allen Legierungen von gut bzw. stabil und schlecht bzw. instabil eingelaufenen Versuchen dargestellt. Die schlecht oder instabil eingelaufenen Versuche sind rot und die gut oder stabil eingelaufenen Versuche sind schwarz dargestellt.

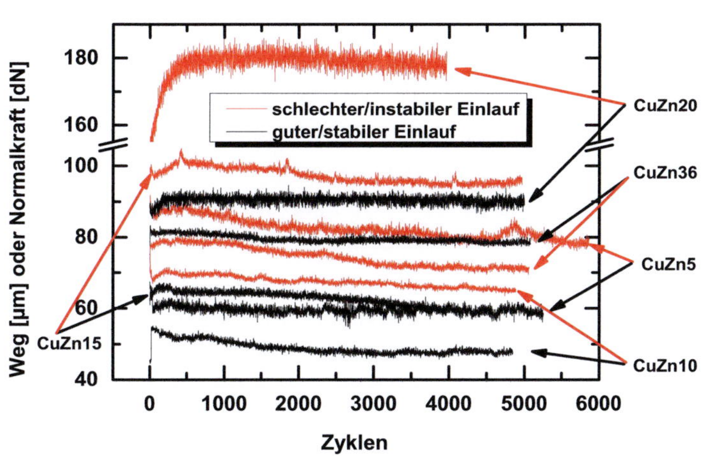

Abbildung 4.15

Weg- bzw. Normalkraftverläufe von gut bzw. stabil (schwarz) und schlecht bzw. instabil (rot) eingelaufenen Versuchen aller fünf Messinglegierungen. Die zugehörigen Reibwerte und Versuchsbedingungen sind in den Abbildungen 4.8 bis 4.12 dargestellt und beschrieben.

In Tabelle 4.2 sind die Ergebnisse für alle Legierungen dargestellt. Die weißen Felder zeigen die Ergebnisse der gut (CuZn5, 10, 36)/stabil (CuZn15, 20) eingelaufenen Versuche, die dunkelgrau hinterlegten die der schlecht (CuZn5, 10, 36)/instabil (CuZn15, 20) eingelaufenen Versuche. Die Werte der Verschleißraten geben die Werte im stationären Zustand des Versuchs nach dem Einlauf wieder und die Verschleißtiefe ist die absolute Verschleißtiefe nach Ende eines Versuchs bei ca. 5000 Zyklen.

Tabelle 4.2

	CuZn5		CuZn10		CuZn15		CuZn20		CuZn36	
Verschleißrate [nm/Zyklus]	0,12	1,01	0,27	0,7	0,32	0,9	0,13	0,28	0,28	1,62
Verschleißtiefe [µm]	0,65	5	0,57	3,37	3,4	4,48	0,65	1,1	1,45	8,28

4.3.4 Korrelation der Verschleißwerte

Es wurden in den vorhergehenden Kapiteln drei Meßmethoden vorgestellt, um den Verschleiß zu bestimmen. Im Folgenden werden diese drei Methoden miteinander verglichen. Da auf CuZn5 alle Methoden angewendet wurden, wird diese Legierung für den Vergleich herangezogen und dargestellt, inwieweit diese miteinander vergleichbar sind. In Abbildung 4.16 sind die Verschleißtiefe und die Verschleißmasse über die Zyklenanzahl und Zeit aufgetragen. Die Verläufe der RNT-Messung und die Verläufe der Messung mit dem Kraftsensor an CuZn5 sind darin übereinandergelegt. Die grüne und blaue Linie zeigen die Verläufe der RNT-Messungen, mit denen die Verschleißmasse bestimmt wurde, die rote und schwarze Linie die Verläufe des Normalkraftsensors, mit dem die Verschleißtiefe ermittelt wurde. Anhand dieser Verläufe zeigen die Ergebnisse eine gute Übereinstimmung der RNT-Messung mit der Messung des Normalkraftsensors. Während der Einlauf-Phase bis ca. 2000 Zyklen zeigen die RNT und Kraftsensorverläufe ein nicht lineares Verhalten und sind nicht direkt miteinander vergleichbar. Nach diesen 2000 Zyklen ist das Verhalten beider Messmethoden linear und die Kurvenverläufe werden vergleichbar. Die Verschleißraten des gut eingelaufenen Versuchs betragen mit RNT gemessen 0,14±0,024 nm/Zyklus und mit der Änderung der Normalkraft 0,12±0,03 nm/Zyklus. Diese Ergebnisse sind sehr ähnlich und liegen innerhalb der Fehlertoleranz der Messsysteme. Die Verschleißtiefen am Ende des Experiments betragen dementsprechend 1 μm und 0,65 μm. Die Verschleißraten des schlecht eingelaufenen Versuchs sind mit dem Normalkraftsensor gemessen etwas größer. Sie betragen mit dem Normalkraftsensor 1,01±0,03 nm/Zyklus und mit RNT 0,85±0,024 nm/Zyklus. Die führt zu Verschleißtiefen von 5 und 4,1 nm. Bei der Betrachtung und Beurteilung ist es wichtig die Tatsache zu beachten, dass bei der RNT-Messmethode nur die Verschleißpartikel gemessen werden, die sich im Ölkreislauf befinden und nicht die plastische Deformation des Messings. Die hier dargestellten Werte sind Rohdaten und nicht geglättet. Die Verschleißwerte, die mit dem Normalkraftsensor bestimmt wurden, zeigen eine deutlich höhere Streuung als die Verschleißwerte der RNT-Messungen. Dies liegt daran, daß die Aufzeichnungsrate des

Normalkraftsensors deutlich höher und folglich sensitiver ist. Die hier dargestellten Werte des Normalkraftsensors sind alle 16 Sekunden aufgenommen, die der RNT-Messung hingegen alle 5 Minuten. Obwohl der Normalkraftsensor eine geringere Auflösung als die RNT-Messung besitzt, erhält man mit diesem genauere Informationen zu dem dynamischen Verhalten von Verschleiß und Transferfilm.

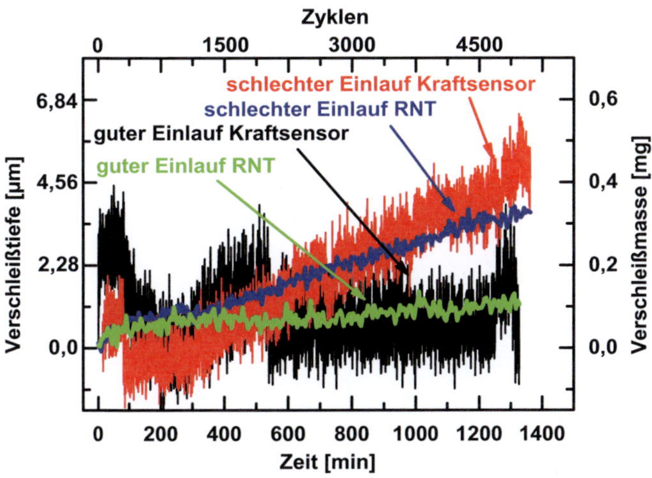

Abbildung 4.16

Verschleißtiefe und Verschleißmasse von gut und schlecht eingelaufenen Versuchen auf CuZn5 über die Zyklenanzahl und Zeit aufgetragen. Reibwerte und Versuchsparameter sind in Abbildung 4.13 rechts dargestellt.

Anhand dieser guten Übereinstimmung für CuZn5 wurde die Vergleichbarkeit der RNT-Messung mit den Messungen des Normalkraftsensors für die restlichen vier Legierungen eine ähnlich gute Vergleichbarkeit vorausgesetzt. Abbildung 4.17 zeigt die ermittelten Verschleißtiefen von allen drei Meßmethoden und allen fünf Messinglegierungen im Vergleich. Es zeigt sich, daß alle Meßmethoden eine gute Vergleichbarkeit aufweisen.

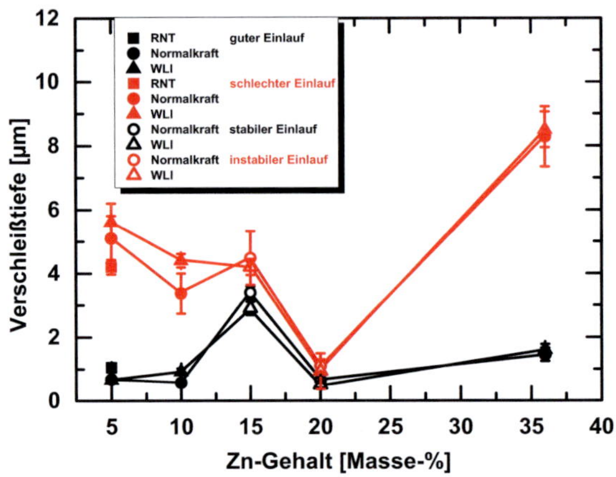

Abbildung 4.17

Vergleich der Messmethoden zur Bestimmung der Verschleißtiefe aller untersuchten Legierungen aufgetragen über den Zinkgehalt.

Die Experimente mit gutem Einlauf von CuZn5, CuZn10 und CuZn 36 weisen geringe Verschleißtiefen von 0,65 µm für CuZn5, 0,92 µm für CuZn10 und 1,6 µm bei CuZn36 auf. Obwohl die Versuche auf CuZn20 nur stabil einge-laufen sind zeigen sie eine sehr geringe Verschleißtiefe von 0,5 µm. Nur die stabil eingelaufenen Versuche auf CuZn15 zeigen einen höheren Verschleiß von 2,9 µm. Die Experimente mit schlechtem Einlauf zeigen deutlich höhe-re Verschleißtiefen von 5,3 µm für CuZn5, 4 µm für CuZn10 und 8,3 µm für CuZn36. Die instabil eingelaufenen Versuche weisen Verschleißtiefen von 4,2 µm für CuZn 15 und geringe Verschleißtiefen von 1,1 µm für CuZn20 auf. In Abbildung 4.17 ist gut zu erkennen, dass die Unterschiede in der Verschleißtiefe zwischen stabil und instabil eingelaufenen Versuchen auf CuZn15 und CuZn20 im Verhältnis zu den übrigen Legierungen relativ ge-ring sind. Die Unterscheidung wird deutlicher bei der Betrachtung der Ver-schleißrate.

Abbildung 4.18 zeigt die Verschleißraten aller fünf Messinglegierungen nach dem stattgefundenen Einlauf im stationären Bereich. Die Verschleißraten der gut/stabil eingelaufenen Versuche sind schwarz, die der schlecht/instabil eingelaufenen Versuche sind rot dargestellt.

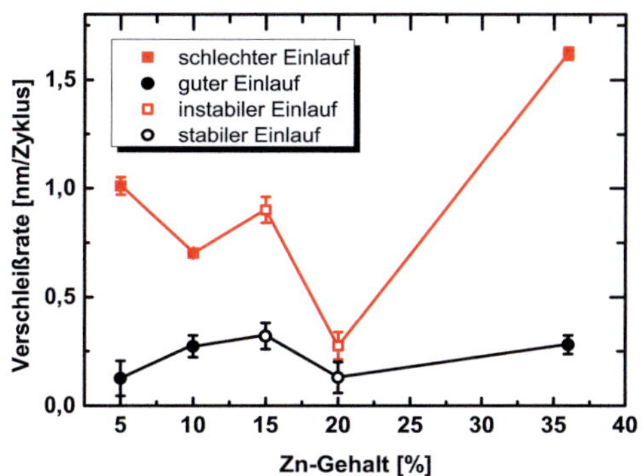

Abbildung 4.18

Verschleißrate über Zinkgehalt aller untersuchten Legierungen.

Alle gut eingelaufenen Versuche zeigen mit Verschleißraten zwischen 0,12 nm/Zyklus und 0,28 nm/Zyklus deutlich geringere Verschleißraten als die schlecht eingelaufenen Versuche, die Verschleißraten zwischen 0,7 nm/Zyklus und 1,62 nm/Zyklus aufweisen. Die deutlichsten Unterschiede zwischen gut und schlecht eingelaufenem Versuch zeigen CuZn5 und CuZn36. Bei beiden Legierungen zeigen die schlecht eingelaufenen Versuche eine ca. 5-fach erhöhte Verschleißrate gegenüber den gut eingelaufenen Versuchen. Bei CuZn20 ist die Verschleißrate sowohl des stabil eingelaufenen Versuchs mit 0,13 nm/Zyklus, als auch des instabil eingelaufenen Versuchs mit 0,28 nm/Zyklus in einem niedrigen Bereich. Die Verschleißrate des instabil eingelaufenen Versuchs ist bei dieser Legierung damit nur ein wenig mehr als doppelt so groß. CuZn15 weist mit Verschleißraten von 0,9 nm/Zyklus für den instabil eingelaufenen Versuch und 0,32 nm/Zyklus für den stabil eingelaufenen Versuch einen Unterschied von ca. Faktor drei auf.

4.4 Mikrostruktur

Die Mikrostruktur wurde anhand von FIB-Aufnahmen und Härtemessungen untersucht. Beide Methoden bieten Einblicke in die Zusammensetzung und die mechanischen Eigenschaften des dritten Körpers.

4.4.1 FIB

Die FIB-Untersuchungen wurden im Anschluß an die Reibversuche durchgeführt. Dazu wurden pro Legierung jeweils drei gut/stabil und drei schlecht/instabil eingelaufene Versuche untersucht. Die Schnitte wurden längs und quer zur Reibspur durchgeführt. Zur besseren Vergleichbarkeit wurden die Bilder mit der gleichen Vergrößerung aufgenomen. Im Folgenden werden Schnitte längs zur Reibspur von jeder Legierung vorgestellt. Es wurden jeweils repräsentative Bilder ausgewählt. Abbildung 4.19 zeigt FIB-Schnitte an CuZn5 parallel zur Reibspur.

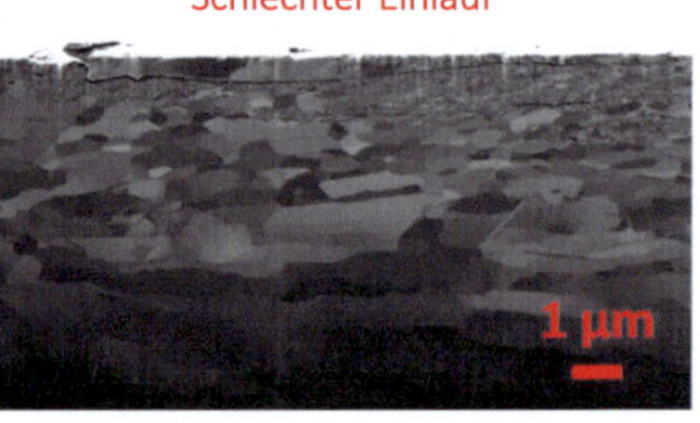

Abbildung 4.19

FIB-Schnitte von Reibversuchen an CuZn5 mit gutem (links) und schlechtem Einlauf (rechts). Die zugehörigen Reibwerte und Versuchsparameter sind in der Abbildung 4.8 dargestellt.

Links ist der Schnitt eines gut eingelaufenen Versuchs zu sehen, auf der rechten Seite der Schnitt eines schlecht eingelaufenen. Der gut eingelaufene Versuch zeigt eine ca. 2,5 µm dicke Schicht, die eine Kornfeinung aufweist. Diese Schicht weist eine homogene Korngröße von einem mittleren Korndurchmesser von ca. 2 µm auf. Die Körner sind entlang der Gleitrichtung ausgerichtet und in diese etwas gelängt. Darunter ist das Matrixgefüge mit einem mittleren Korndurchmesser von ca. 37 µm zu sehen. Der Übergang von der Schicht, die Kornfeinung aufweist, zum Matrixgefüge erfolgt abrupt. Am rechten Bildrand ist ein Zwilling im Matrixgefüge zu erkennen. Der FIB-Schnitt am schlecht eingelaufenen Versuch weist eine andere Gefügestruktur auf. Hier beträgt die Dicke der mikrostrukturell veränderten Schicht ca. 6 µm. Auch hier sind die Körner entlang der Bewegungsrichtung gestreckt. Die Schicht ist inhomogen und weist einen Gradient in der Größenverteilung auf. Je weiter die Körner von der Oberfläche entfernt liegen, umso größer werden sie. Die oberflächennahen Körner bis zu einer Tiefe von ca. 1 µm weisen mittlere Korndurchmesser von wenigen nm bis 0,5 µm auf. In diesem Bereich sind auch parallel zur Oberfläche mehrere µm lange rissähnliche Strukuren zu erkennen. Um diese sind Körner mit Durchmessern von wenigen nm angelagert. Der Übergang von der kornverfeinerten Schicht zum Matrixgefüge erfolgt fließender und nicht so abrupt wie bei den gut eingelaufenen Versuchen.

In Abbildung 4.20 sind die FIB-Schnitte von Versuchen an CuZn10 mit einem guten Einlauf (links) und mit einem schlechten Einlauf (rechts) zu sehen. Die mikrostrukturell veränderte Schicht weist bei dem guten Einlauf

Guter Einlauf

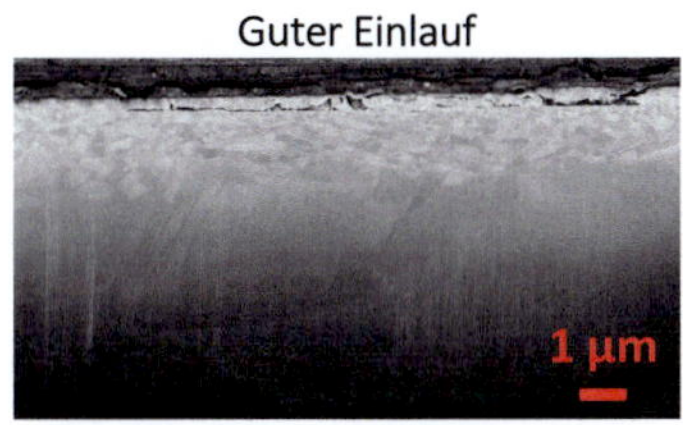

Schlechter Einlauf

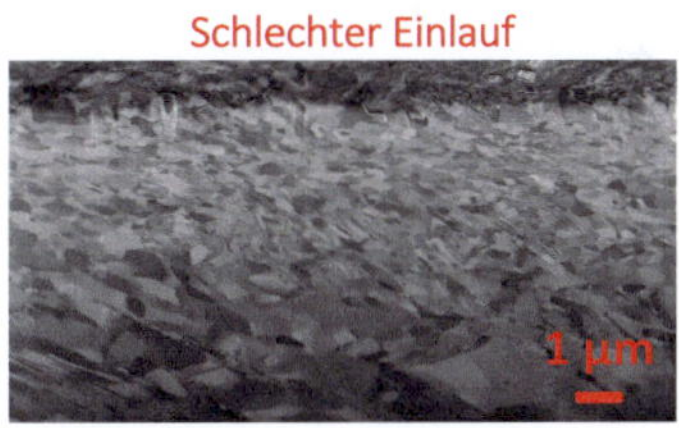

Abbildung 4.20

FIB-Schnitte von Reibversuchen an CuZn10 mit gutem (links) und schlechtem Einlauf (rechts). Die zugehörigen Reibwerte und Versuchsparameter sind in der Abbildung 4.9 dargestellt.

eine Dicke von ca. 2 µm auf. Die Schicht hat homogene Korngrößen mit Durchmessern von ca. 0,2 µm, die alle entlang der Belastungsrichtung gestreckt sind. In der oberflächennahen Schicht (bis zu einer Tiefe von ca. 1 µm) sind parallel zur Oberfläche rissartige Strukturen zu sehen, die teilweise bis zur Oberfläche reichen. Der Übergang von der mikrostrukturell veränderten Schicht zum Matrixgefüge erfolgt plötzlich mit einem klaren Übergang. Die Aufnahme des schlecht eingelaufenen Versuches zeigt eine mikrostrukturell veränderte Schicht, die bis zu einer Tiefe von ca. 9 µm reicht. Die Gefügestruktur ist sehr inhomogen. In den ersten 2 µm weisen die Körner Durchmesser von ca. 0,1 µm auf, die bis zu einer Tiefe von 9 µm kontinuierlich größer werden bis zu einem Durchmesser von ca. 1 µm. Ab dieser Tiefe erfolgt ein fließender Übergang zum Matrixgefüge. Die Orientierung der Körner weist eine leichte Tendenz in eine Reibrichtung (hier nach links) auf.

CuZn15 zeigt bei stabil eingelaufenen Versuchen (Abbildung 4.21) eine mikrostrukturell veränderte Schicht bis zu einer Tiefe von ca. 4 µm. Im

Stabiler Einlauf   **Instabiler Einlauf**

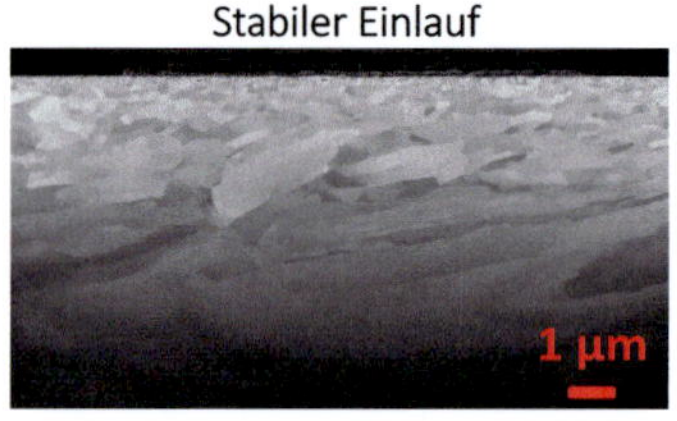

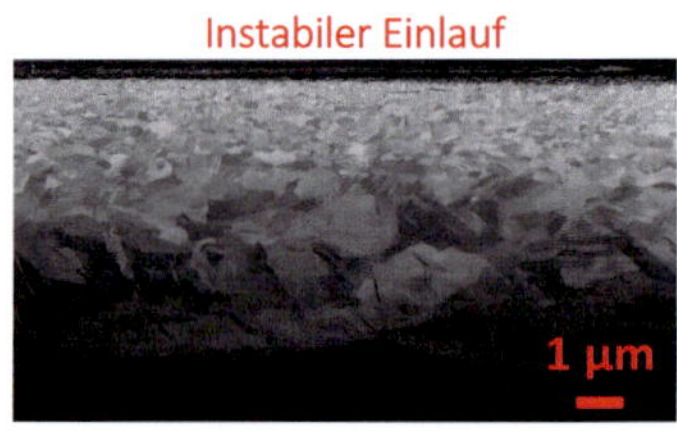

Abbildung 4.21

FIB-Schnitte von Reibversuchen an CuZn15 mit stabilem (links) und instabilem Einlauf (rechts). Die zugehörigen Reibwerte und Versuchsparameter sind in der Abbildung 4.10 dargestellt.

oberflächennahen Bereich (bis 0,5 µm) beträgt die mittlere Korngröße ca. 0,1 µm und wird bis zu einer Tiefe von 4 µm kontinuierlich größer bis auf ca. 2 µm. Die Vorzugsrichtung dieser Körner ist in Übergleitungsrichtung des Stiftes während des Reibversuchs. Danach erfolgt ein abrupter Übergang zum Matrixgefüge, das eine Korngröße von 42 µm aufweist. Die instabil eingelaufenen Versuche weisen Veränderungen der Mikrostruktur bis zu einer Tiefe von ca. 7 µm auf. Nahe der Oberfläche, bis zu einer Tiefe von ca. 0,5 µm, treten parallel zur Oberfläche verlaufende rissähnliche Strukturen bis zu einer Länge von 1 µm auf. Um diese Strukturen herum ist die Korngröße nanokristallin. Der mikrostrukturell veränderte Bereich kann grob in zwei Bereiche aufgeteilt werden. Die ersten 2 µm weisen Korngrößen von ca. 0,2 µm auf, von einer Tiefe von 2 bis 7 µm weisen die Körner Größen von ca. 1 µm auf, mit einem fließendem Übergang zum Matrixgefüge mit mittleren Korndurchmessern von 42 µm.

Abbildung 4.22 zeigt FIB-Schnitte an gelaufenen Versuchen an CuZn20. Auf der linken Seite ist ein Schnitt eines stabil eingelaufenen Versuches zu sehen. Dieser weist eine homogene mikrostrukturell veränderte Schicht bis zu einer Tiefe von ca. 2,6 µm auf. Die mittlere Korngröße dieser Schicht beträgt ca. 0,5 µm. Der Übergang von dieser Schicht zum Matrixgefüge erfolgt scharf getrennt. Die Korngröße des Matrixgefüges beträgt 53 µm. In der Bildmitte befindet sich eine Korngrenze des Matrixgefüges und etwas rechts davon zwei Verformungszwillinge. Der Schnitt des instabil eingelaufenen Versuchs zeigt eine Veränderung der Mikrostruktur bis zu einer Tiefe

Stabiler Einlauf

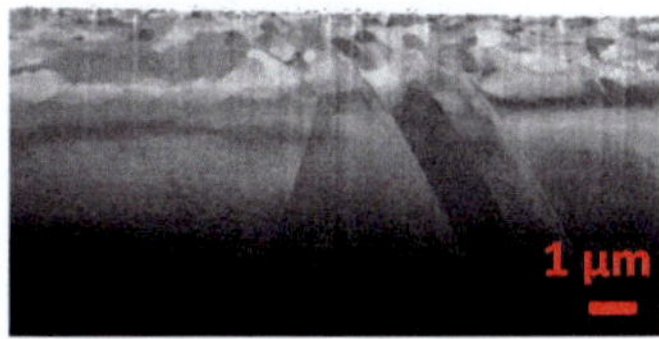

Instabiler Einlauf

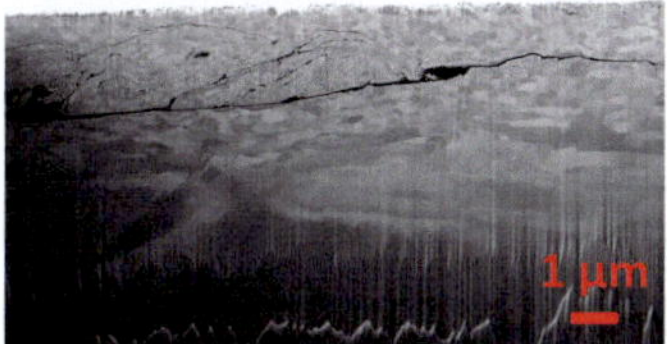

Abbildung 4.22

FIB-Schnitte von Reibversuchen an CuZn20 mit stabilem (links) und instabilem Einlauf (rechts). Die zugehörigen Reibwerte und Versuchsparameter sind in der Abbildung 4.11 dargestellt.

von ca. 5 µm. Die Korngrößenverteilung ist inhomogen und weist eine zunehmende Größe von der Oberfläche (ca. 0,1 µm) in die Tiefe (ca. 2 µm) auf. Der Übergang zum Matrixgefüge ist fließend. In einer Tiefe von 2 µm ist eine auseinanderklaffende rissähnliche Struktur zu erkennen, die parallel zur Oberfläche verläuft. Oberhalb der rissartigen Struktur sind weitere kleinere riss- und vortexartige Strukturen, um die sich nanokristallines Gefüge befindet.

Der FIB-Schnitt an einem gut eingelaufenen Versuch an CuZn36 (Abbildung 4.23) zeigt eine mikrostrukturelle Veränderung bis zu einer Tiefe von 2,3 µm. Die Körner sind alle in der Größe homogen und entlang der Belastungsrichtung extrem gestreckt. Die Kornhöhe beträgt ca. 1 µm und die Länge 2-3 µm. Der Übergang zum Matrixgefüge erfolgt scharf getrennt innerhalb weniger zehntel µm. Die Korngröße des Matrixgefüges beträgt 124 µm. Im Matrixgefüge ist ein Zwilling zu erkennen. Das Bild des schlechten Einlaufs zeigt ein völlig anderes mikrostrukturell verändertes Gefüge. Die Körner in den ersten 2 µm weisen Größen von ca. 50 nm auf und werden mit zunehmender Tiefe größer bis ca. 0,5 µm. Danach erfolgt ab einer Tiefe von ca. 11 µm ein fließender Übergang zum Matrixgefüge. In einer Tiefe von etwa 2 µm befindet sich eine ausgeprägte rissähnliche Struktur, die parallel zur Oberfläche verläuft. Entlang dieser Struktur befinden sich Körner, die deutlich kleiner als 50 nm sind. Aufgrund der Auflösung ist die Größe nicht mehr zu bestimmen. Oberflächennah befinden sich auch rissähnliche Strukturen und Einbrüche, um die sich sehr kleine Körner (<50 nm) befinden. Die gesamte Tiefe des mikrostrukturell veränderten Gefüges reicht bis in eine Tiefe von ca. 11 µm. Die maximale Tiefe ist auf diesem Bildausschnitt nicht zu erkennen.

Guter Einlauf

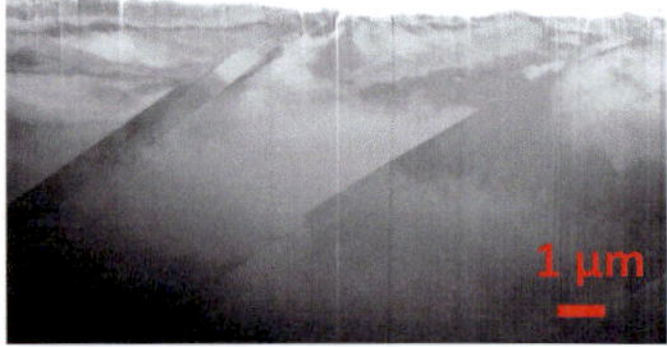

Schlechter Einlauf

Abbildung 4.23

FIB-Schnitte von Reibversuchen an CuZn36 mit gutem (links) und schlechten Einlauf (rechts). Die zugehörigen Reibwerte und Versuchsparameter sind in der Abbildung 4.12 dargestellt.

Anhand der Schnitte zeigt sich, dass die gut eingelaufenen und auch die stabil eingelaufenen Veruche eine deutlich geringere Veränderung in der Tiefe der Mikrostruktur aufweisen als die schlecht und instabil eingelaufenen Versuche. Zusätzlich ist deren Mikrostruktur homogener und weist größere Korngrößen auf als die schlecht eingelaufenen Versuche.

4.4.2 Härtemessung

Um die mechanischen Eigenschaften der mikrostrukturell veränderten Schicht zu bestimmen, wurden Härtemessungen durchgeführt. Da anhand der FIB-Schnitte die Tiefe dieser Schicht abschätzbar ist, wurde eine so geringe Last für den Eindringkörper gewählt, damit dieser die Schicht nicht durchdringt und nur die mechanischen Eigenschaften dieser Schicht bestimmt werden. Die hier gezeigten Ergebnisse wurden quer zur Reibspur durchgeführt und zeigen jeweils für jede Messinglegierung repräsentative Ergebnisse. Auf der Y-Achse ist die Vickershärte HV angegeben. Die Last beträgt 0,1 N bei einer Lastdauer von 15 Sekunden. Dies entspricht einer Eindringtiefe von ca. 2 µm. Die X-Achse zeigt die Position innerhalb der Reibspur. Die Position 0 entspricht der Mitte der Reibspur. Abbildung 4.24 links zeigt die Ergebnisse der Härtemessung nach den Reibversuchen an CuZn5 an einem gut (schwarzer Kreis) und einem schlecht eingelaufenen Versuch (rotes Dreieck).

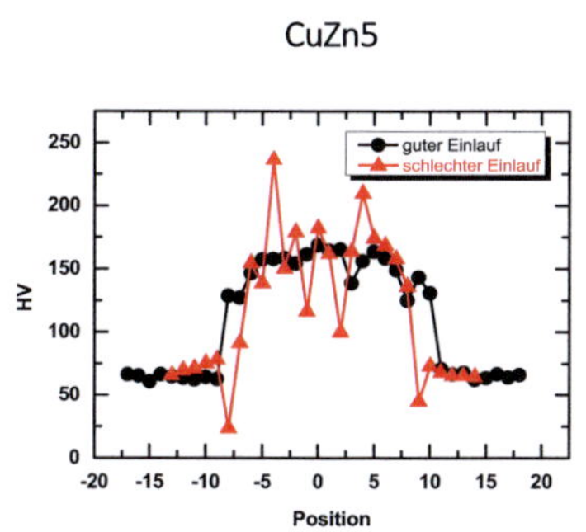

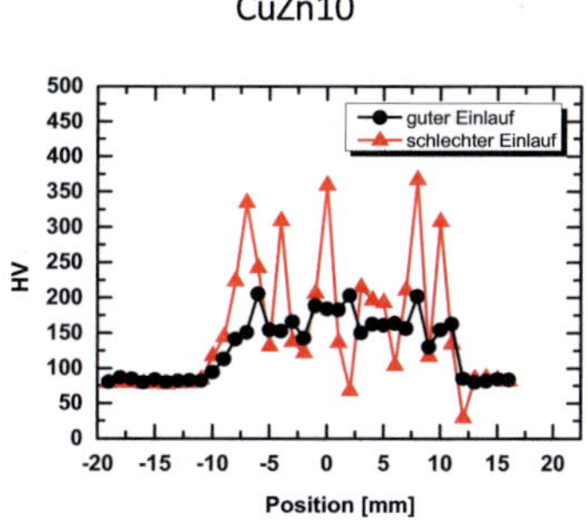

Abbildung 4.24

Härtemessung von gut und schlecht eingelaufenen Versuchen an CuZn5 (links) und CuZn10 (rechts). Die zugehörigen Reibwerte und Versuchsparameter sind in der Abbildung 4.8 und 4.9 dargestellt.

Der größte Unterschied zwischen gut/stabil und schlecht/instabil eingelaufenen Versuchen liegt in der Streuung der Härtewerte. Die gut/stabil eingelaufenen Versuche weisen immer eine geringere Streuung und eine geringere Härte auf als die schlecht/instabil eingelaufenen Versuche. Der Mittelwert des gut eingelaufenen Versuchs an CuZn5 weist eine mittlere Härte von 143±15 HV auf. Der schlecht eingelaufene Versuch hat eine mittlere Härte von 150±106 HV. Auffällig ist bei diesem Versuch die geringe Härte direkt am Rand der Spur. Die Ergebnisse der Härtemessung an CuZn10 zeigt Abbildung 4.24 rechts. Die mittlere Härte des gut eingelaufenen Versuchs beträgt 166±65 HV und die des schlecht eingelaufenen Versuchs 205±150 HV.

CuZn15

CuZn20

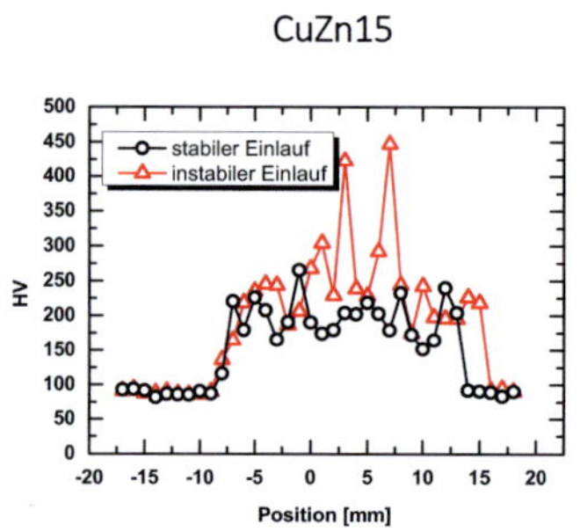
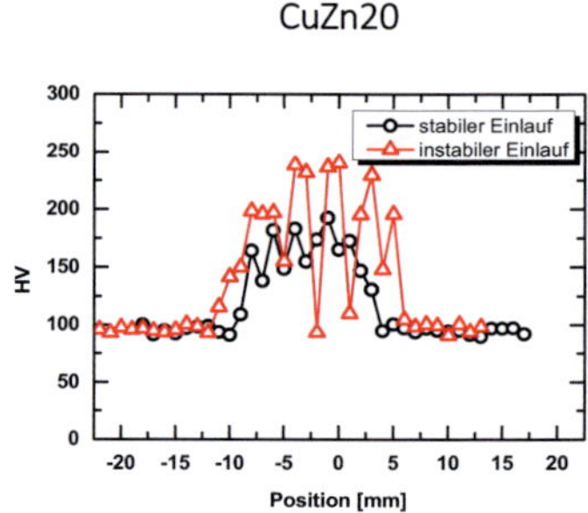

Abbildung 4.25

Härtemessung von gut und schlecht eingelaufenen Versuchen an CuZn15 (links) und CuZn20 (rechts). Die zugehörigen Reibwerte und Versuchsparameter sind in der Abbildung 4.10 und 4.11 dargestellt.

Abbildung 4.25 zeigt die Ergebnisse der Härtemessung an CuZn15 (links) und CuZn20 (rechts) an stabil und instabil eingelaufenen Versuchen. Die mittlere Härte des stabil eingelaufenen Versuchs von CuZn15 beträgt 193±57 HV und die des instabil eingelaufenen Versuchs 244±141 HV. Auch bei CuZn20 gibt es einen Unterschied zwischen stabil und instabil eingelaufenem Versuch. Die mittlere Härte des stabil eingelaufenen Versuchs liegt bei 152±54 HV, die des instabil eingelaufenen bei 162±74 HV.

Die Ergebnisse der Härtemessung an einem gut und einem schlecht einge-laufenen Versuch auf CuZn36 sind in Abbildung 4.26 dargestellt. Die mittle-re Härte des gut eingelaufenen Versuchs liegt bei 204±33, die des schlecht eingelaufenen Versuchs bei 271±193.

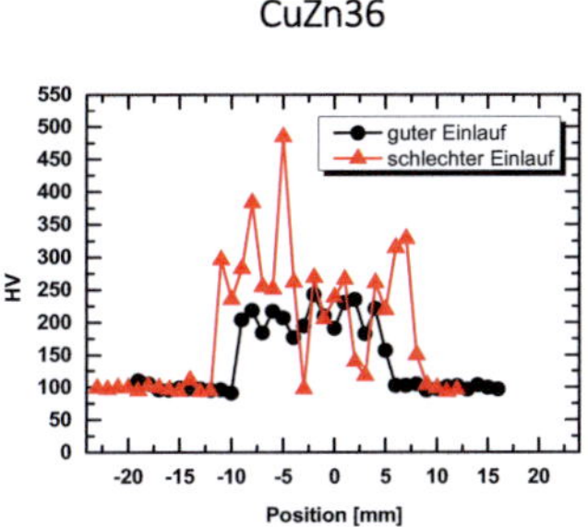

Abbildung 4.26

Härtemessung von gut und schlecht eingelaufenen Versuchen an CuZn36. Die zugehöri-gen Reibwerte und Versuchsparameter sind in der Abbildung 4.12 dargestellt.

4.5 Chemische Analyse

Die Ergebnisse der chemischen Analysen mit Hilfe von Röntgenphotoelek-tronenspektroskopie (XPS) und Energiedispersiver Röntgenspektroskopie (EDX) werden im Folgenden dargestellt. Die Analysen mit XPS wurden durchgeführt, um einen Eindruck der Verteilung der Elemente in die Tiefe zu bekommen. Mit Hilfe von EDX-Messungen wurde die Verteilung der Elemente auf der Oberfläche untersucht.

4.5.1 XPS

Die Ergebnisse der Messungen an Platte und Stift von gut und schlecht eingelaufenen Versuchen an CuZn5 sind in Abbildung 4.27 dargestellt. Links sind jeweils die Tiefenprofile der Stifte und rechts die der Reibspuren auf den Platten dargestellt. Oben befinden sich die Ergebnisse der gut einge-laufenen Versuche und unten die der schlecht eingelaufenen. Der Stift des gut eingelaufenen Versuchs weist eine Veränderung der chemischen Zusammensetzung bis zu einer Tiefe von ca. 150 nm auf, der Stift des schlecht

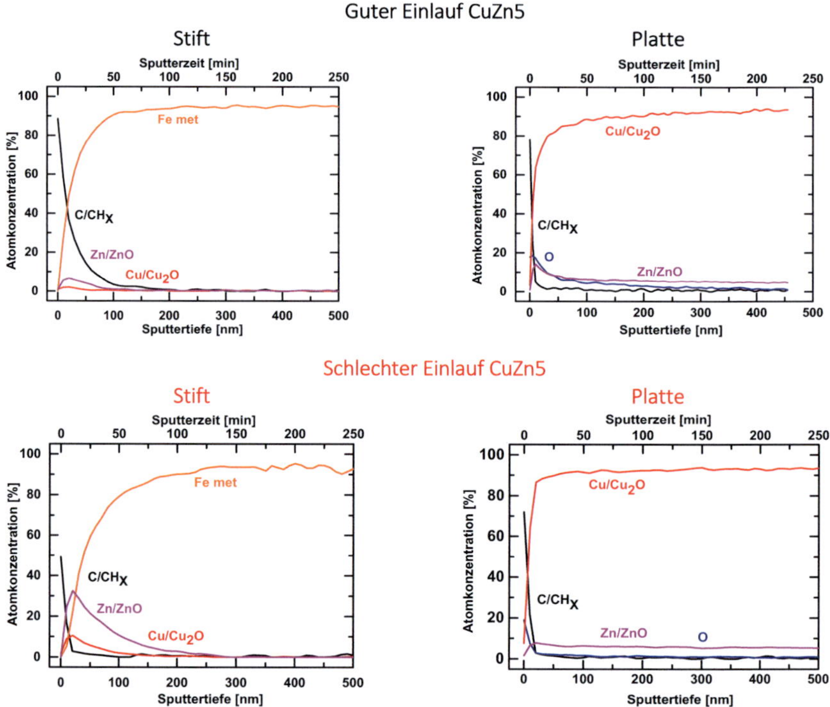

Abbildung 4.27

Atomkonzentration in % in Abhängigkeit von der Sputtertiefe in nm von gut und schlecht eingelaufenen Versuchen an CuZn5 und den dazugehörigen Stiften. Die Reibwerte und Versuchsparameter sind in der Abbildung 4.8 dargestellt.

eingelaufenen Versuches bis zu einer Tiefe von 250 nm. Die Atomkonzentration von C (Kohlenstoff) wird als C/CH$_X$ (Kohlenstoff/Kohlenwasserstoffverbindung) angegeben, da mit dem XPS nicht zwischen gebundenem und ungebundenem Kohlenstoff unterschieden werden kann. Diese ist bei dem Stift des gut eingelaufenen Versuchs mit 90 % in den ersten Nanometern deutlich höher als bei dem Stift des schlecht eingelaufenen Versuchs. Hier sind es maximal 50 %. Auch reicht bei dem gut eingelaufenen Stift C/CH_x bis in eine Tiefe von 150 nm. Bei dem schlecht eingelaufenen Stift hingegen sinkt die C/CH_x Konzentration schon nach 25 nm auf 0 %. Die Cu (Kupfer) und Zn (Zink) Konzentrationen werden in Cu/Cu_2O (Kupfer/Kupferoxid) und Zn/ZnO (Zink/Zinkoxid) Konzentrationen angegeben, da mit dem XPS nicht zwischen reinem und an Sauerstoff gebundenen Cu und Zn unterschieden werden kann. Der gut eingelaufene Stift weist deutlich geringere maximale Cu/Cu_2O und Zn/ZnO Konzentrationen auf (2 % und 7 %) als der Stift des schlecht eingelaufenen Versuchs mit 10 % und 32 %. Auch ist die Nachweistiefe mit 100 nm zu 250 nm deutlich geringer. Dadurch ist bei dem gut eingelaufenen Stift die maximale Fe (Eisen) Konzentration schon bei einer Tiefe von 100 nm erreicht. Beim schlecht eingelaufenen Stift hingegen ist die maximale Fe-Konzentration erst bei ca. 250 nm erreicht. Die C/CH_x Konzentrationen sind bei den Reibspuren sehr ähnlich und sind nach ca. 20 nm nicht mehr nachweisbar. Beide Versuche weisen direkt an der Oberfläche maximale Konzentrationen von ca. 70 % auf. Der gut eingelaufene Versuch zeigt maximale Zn/Zno und O (Sauerstoff) Konzentrationen bei einer Tiefe von 20 nm von 12 % und 19 %. Diese fallen auf 5 % bzw. 0 % kontinuierlich bis zu einer Tiefe von ca. 400 nm ab. Die Platte des schlecht eingelaufenen Versuchs hingegen weist kein Maximum und keine Erhöhung von Zn/Zno und O auf. O fällt von der Oberfläche mit einer Konzentration von 20 % auf 0 % innerhalb der ersten 20 nm. Zn/Zno hingegen steigt von 0 % auf 5 % in den ersten 20 nm.

In Abbildung 4.28 sind die Ergebnisse der XPS-Messungen von gut und schlecht eingelaufenen Versuchen auf CuZn10 dargestellt. Die Tiefenprofile der Stifte zeigen völlig unterschiedliche Verläufe der chemischen Zusammensetzung. Der gut eingelaufene Stift weist Veränderungen bis ca. 200 nm auf, der schlecht eingelaufene Stift bis mindestens 500 nm. Die C/CH_x Konzentration des gut eingelaufenen Stifts beträgt an der Oberfläche 45 % und fällt kontinuierlich auf 0 % bei einer Tiefe von 200 nm. Der schlecht eingelaufene Stift zeigt eine maximale Konzentration von C/CH_x von 85 % an der Oberfläche und fällt kontinuierlich auf 0 % bei einer Tiefe von 500 nm. Die Cu/Cu_2O und Zn/ZnO Konzentrationen weisen beim gut eingelaufenen Stift ein Maximum an der Oberfläche von 3 % und 11 % auf und fallen konstant bis auf eine Tiefe von 200 nm auf 0 % ab. Der schlecht eingelaufene Stift hingegen weist bei einer Tiefe von ca. 60 nm eine maximale

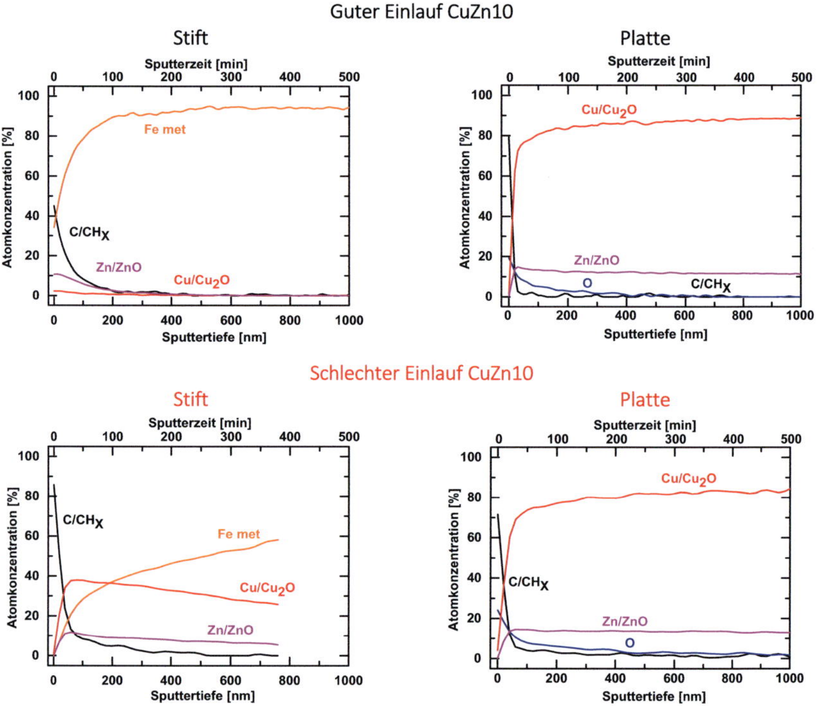

Abbildung 4.28

Atomkonzentration in % in Abhängigkeit von der Sputtertiefe in nm von gut und schlecht eingelaufenen Versuchen an CuZn10 und den dazugehörigen Stiften. Die Reibwerte und Versuchsparameter sind in der Abbildung 4.9 dargestellt.

Konzentration von Cu/Cu_2O und Zn/ZnO von 38 % und 12 % auf und nimmt langsam auf 31 % und 8 % bei einer Tiefe von 500 nm ab. Die Matrix Fe-Konzentration von ca. 90 % ist bei dem gut eingelaufenen Stift schon bei einer Tiefe von 200 nm erreicht, der schlecht eingelaufene Stift zeigt bei einer maximal gemessenen Tiefe von 750 nm lediglich eine Fe-Konzentration von ca. 60 %.

Die Analysen der Reibspuren zeigen sehr ähnliche Verläufe der Tiefenprofile bis zu einer Tiefe von 1000 nm. Sie unterscheiden sich hauptsächlich in der Zn/ZnO Konzentration. Der gut eingelaufene Versuch weist eine Überhöhung von Zn/ZnO von 16 % in einer Tiefe von 30 nm auf, der schlecht eingelaufene Versuch hingegen zeigt ein Maximum von 13 % erst bei einer Tiefe von 60 nm. Bei beiden fällt die Zn/ZnO Konzentration auf 11 % bei einer Tiefe von 1000 nm. O ist bei der Reibspur des schlecht eingelaufenen Versuchs bis zu einer Tiefe von 900 nm nachweisbar. Bei der gut eingelaufenen Reibspur ist O nur bis zu einer Tiefe von 400 nm nachweisbar. C/CH_X ist bei der Reibspur des schlecht eingelaufenen Versuchs bis in Tiefen von 400 nm nachweisbar. Bei der Reibspur des gut eingelaufenen Versuchs ist C/CH_X lediglich bis in Tiefen von ca. 80 nm zu detektieren.

Die XPS-Tiefenprofile von den Versuchen auf CuZn15 sind in Abbildung 4.29 dargestellt. Die C/CH_X Konzentration des stabil eingelaufenen Stifts beträgt an der Oberfläche maximal 66 % und fällt bis auf eine Tiefe von 200 nm auf 0 % ab. Der instabil eingelaufene Stift weist eine Konzentration von 76 % in einer Tiefe von 15 nm auf und ist in einer Tiefe von 300 nm nicht mehr nachweisbar. Die Cu/Cu_2O und Zn/ZnO Konzentrationen sind bei dem stabil eingelaufenen Stift bei einer Tiefe von 40 nm maximal mit 16 % und 5 %. Beide Konzentrationen fallen bis auf 0 % bei einer Tiefe von 200 nm ab. Im Gegensatz dazu weist der instabil eingelaufene Stift maximale Konzentrationen von Cu/Cu_2O und Zn/ZnO von 14 % und 4 % bei einer Tiefe von 75 nm auf. Beide Konzentrationen erreichen 0 % bei Tiefen von 300 nm. Die Fe-Konzentration des stabil eingelaufenen Stifts ereicht daher schneller die Matrixkonzentration von ca. 90 % bei einer Tiefe von ca. 200 nm im Gegensatz zum instabil eingelaufenen Stift bei 300 nm.

Die Tiefenprofile der Reibspuren sind in den Verläufen von Cu/Cu_2O, Zn/ZnO und C/CH_X sehr ähnlich und unterscheiden sich bei diesen Konzentrationen nur marginal. Bei beiden ist eine Zn/ZnO-Überhöhung in einer Tiefe von 50 nm von 22 % gegenüber der Matrixkonzentration von 15 %

vorhanden. Der größte Unterschied liegt bei der O-Konzentration. Diese ist bei der Spur des stabil eingelaufenen Versuchs an der Oberfläche mit 30 % höher und reicht nicht so weit in die Tiefe (500 nm) wie bei der instabil eingelaufenen Spur mit 20 % bei einer Tiefe von mindestens 1 µm.

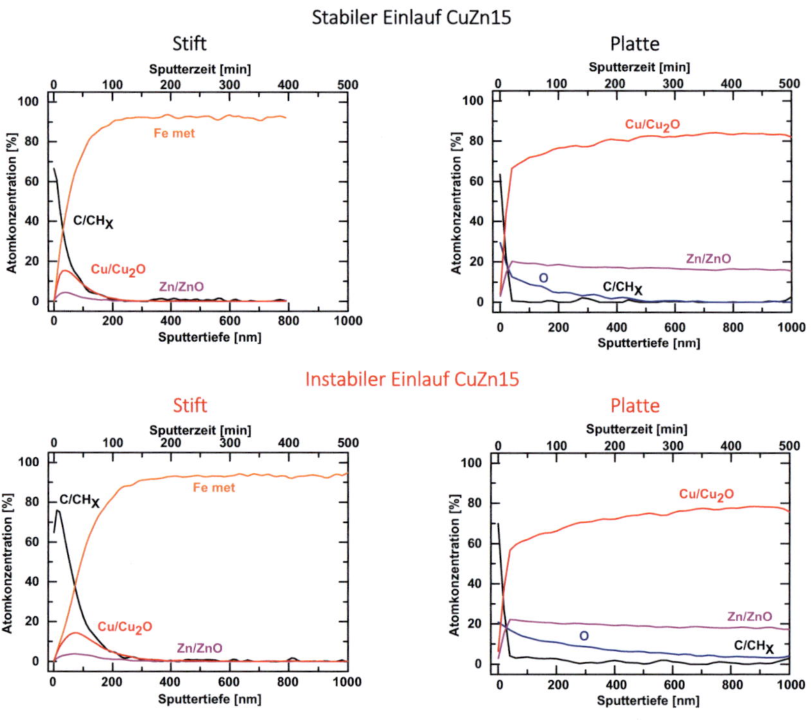

Abbildung 4.29

Atomkonzentration in % in Abhängigkeit von der Sputtertiefe in nm von stabil und instabil eingelaufenen Versuchen an CuZn15 und den dazugehörigen Stiften. Die Reibwerte und Versuchsparameter sind in der Abbildung 4.10 dargestellt.

Die Tiefenprofile der Stifte und Reibspuren der stabil und instabil eingelaufenen Versuche auf CuZn20 sind in Abbildung 4.30 ersichtlich. Beide Stifte zeigen eine maximale C/CH$_X$ Konzentration an der Oberfläche von ca. 80 %.

Der C/CH$_X$ Tiefenverlauf des stabil eingelaufenen Stifts ist etwas flacher und ist ab einer Tiefe von ca. 300 nm nicht mehr nachweisbar. Beim instabil eingelaufenen Stift fällt dieser etwas steiler ab, ist aber dafür bis zu einer

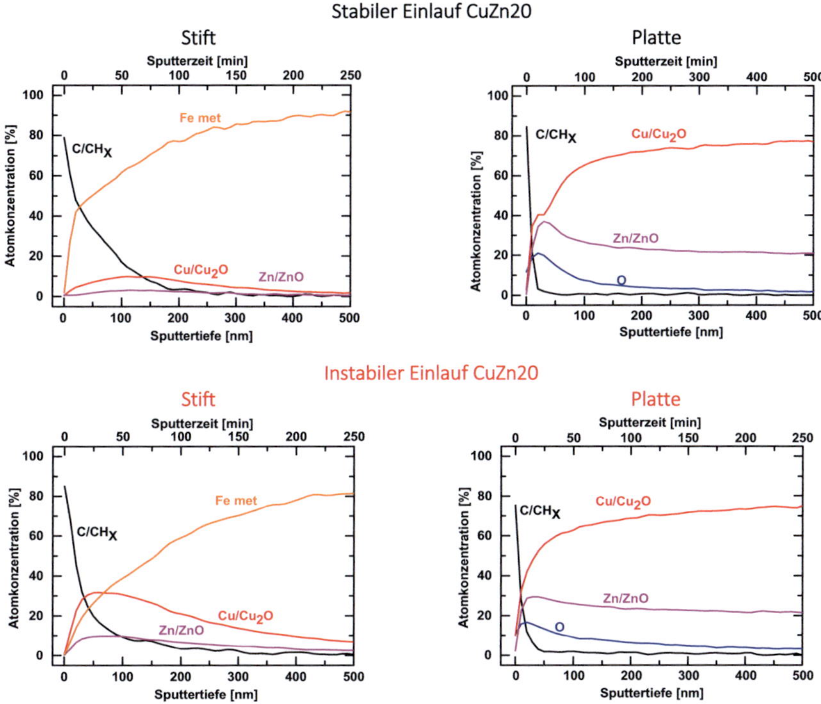

Abbildung 4.30

Atomkonzentration in % in Abhängigkeit von der Sputtertiefe in nm von stabil und instabil eingelaufenen Versuchen an CuZn20 und den dazugehörigen Stiften. Die Reibwerte und Versuchsparameter sind in der Abbildung 4.11 dargestellt.

Tiefe von 400 nm nachweisbar. Die Verläufe von Cu/Cu$_2$O und Zn/ZnO unterscheiden sich hier stark. Das Maximum von Cu/Cu$_2$O und Zn/ZnO des stabil eingelaufenen Stiftes liegt bei einer Tiefe von 130 nm mit einer Konzentration von 10 % und 3 %. Beide sind bei Tiefen um 400 nm nicht mehr nachweisbar. Der instabil eingelaufene Stift zeigt die Maxima von Cu/Cu_2O und Zn/ZnO bei einer Tiefe von 60 nm mit Konzentrationen von 32 % und 10 %. Beide Atomkonzentrationen sind bis mindestens 500 nm nachweisbar. Aufgrund der geringen Cu/Cu_2O und Zn/ZnO Konzentration des stabil eingelaufenen Stifts ist der Anstieg der Fe-Konzentration steiler und weist schon bei einer Tiefe von 20 nm eine Konzentration von 43 % auf, im Gegensatz dazu liegt die Fe-Konzentration beim instabil eingelaufenen Stift bei einer Tiefe von 20 nm erst bei 15 %.

Der Verlauf der Elementkonzentrationen der Reibspuren auf CuZn20 ist bei C/CH_X und Cu/CuO_2 vergleichbar. Beide Spuren zeigen eine maximale Konzentration von C/CH_X von ca. 80 % an der Oberfläche und fallen steil auf fast 0 % bei 40 nm ab. Die Konzentration von Cu/CuO_2 ist bei beiden Versuchen an der Oberfläche 0 % und steigt rapide in den ersten 100 nm auf 70 % an. Danach steigt die Konzentration langsamer auf fast 80 % an. Die O und Zn/ZnO Konzentrationen erreichen bei dem stabil eingelaufenen Versuch bei einer Tiefe von 30 nm die maximalen Konzentrationen von 21 % und 37 % und fallen danach bis auf eine Tiefe von 500 nm bis auf 2 % und 21 % ab. Dies entspricht der Konzentration der Matrix. Die Reibspur des instabil eingelaufenen Versuchs hingegen zeigt auch bei einer Tiefe von 30 nm eine maximale Konzentration von O und Zn/ZnO, aber nur Werte von 16 % und 30 %. Mit zunehender Tiefe fallen diese ab auf die Werte der Matrix.

Bisher zeigten alle untersuchten Stifte ähnliche Tiefenverläufe der Elemente. Bei CuZn36 zeigt sich ein völlig anderes Bild (siehe Abbildung 4.31). Die C/CH_X Konzentration des gut eingelaufenen Stifts liegt an der Oberfläche bei 98 % und ist bis 500 nm nachweisbar. Der schlecht eingelaufene Stift hat eine C/CH_X Konzentration von 80 % an der Oberfläche und fällt schneller auf 0 % bei einer Tiefe von 250 nm. Die Cu/Cu2O und Zn/ZnO Konzentrationen weisen ein Maximum von 36 % und 17 % bei einer Tiefe von 60 nm auf. Die Konzentrationen des gut eingelaufenen Stiftes erreichen ihr Maximum mit 35 % und 22 % erst bei einer Tiefe von ca. 200 nm. Sie nehmen mit zunehmender Tiefe langsamer ab als die Konzentrationen des schlecht eingelaufenen Stifts. Die Fe-Konzentration beträgt bei beiden Stiften an der Oberfläche 0 % und steigt bei dem gut eingelaufenen Stift deutlich langsamer an als bei dem schlecht eingelaufenen Stift. Bisher war der steilere Fe-Anstieg immer bei den gut/stabil eingelaufenen Stiften zu beobachten.

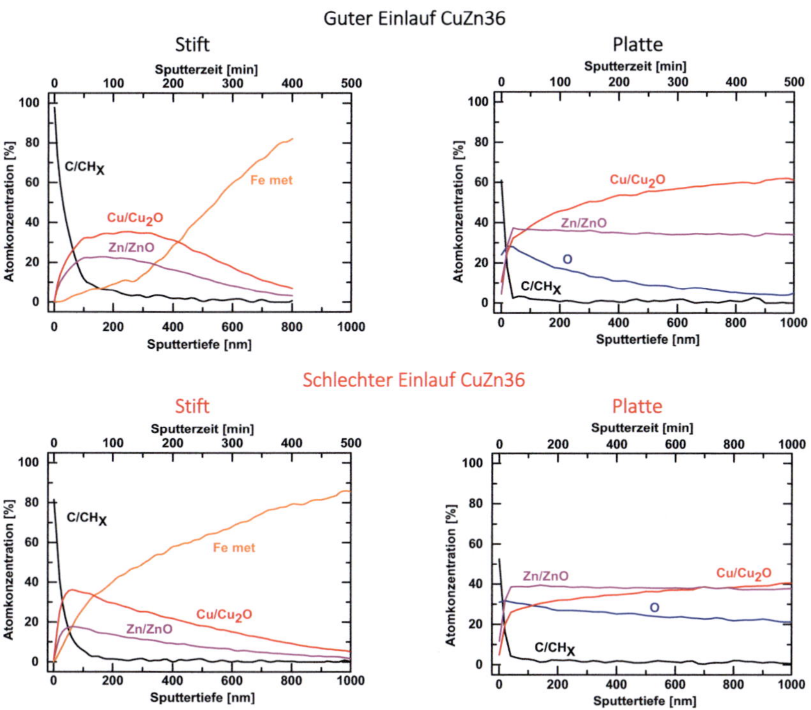

Abbildung 4.31

Atomkonzentration in % in Abhängigkeit von der Sputtertiefe in nm von gut und schlecht eingelaufenen Versuchen an CuZn36 und den dazugehörigen Stiften. Die Reibwerte und Versuchsparameter sind in der Abbildung 4.12 dargestellt.

Die Tiefenprofile der Reibspuren von CuZn36 verhalten sich auch anders als bei den übrigen Legierungen. Die O Konzentration ist bei beiden Versuchen an der Oberfläche bei über 30 %, fällt aber innerhalb des ersten Mikrometers bei dem gut eingelaufenen Versuch bis auf 3 % ab. Der schlecht eingelaufene Versuch hat bei dieser Tiefe immer noch eine O-Konzentration von 21 %. Auch der Verlauf der Zn/ZnO Konzentration ist unterschiedlich zu den anderen Legierungen. Nahe der Oberfläche (42 nm) weisen beide Versuche eine höhere Zn/ZnO als Cu/Cu_2O Konzentration auf. Die des gut eingelaufenen Versuchs liegen bei 43 % und 35 %, die des schlecht eingelaufenen bei 42 % und 31 %. Bei dem gut eingelaufenen Versuch steigt die Cu/Cu_2O Konzentration bei einer Tiefe von 1 µm bis auf den Gehalt der Matrix von 62 % an. Die Cu/Cu_2O Konzentration des schlecht eingelaufenen Versuchs steigt nur bis auf 40 % in einer Tiefe von 1 µm an. Die Zn/ZnO Konzentration nimmt bei beiden bis auf den Wert der Matrix von ca. 36 % in einer Tiefe von 1 µm ab. Der Verlauf der C/CH_x Konzentrationen ist bei beiden Versuchen ähnlich und fällt von einer Oberflächenkonzentration von ca. 60 % auf 0 % innerhalb der ersten 30 nm ab.

4.5.2 EDX

Die Verteilung der Elemente auf und nahe der Oberfläche der Stifte und Platten wurde mit Hilfe von EDX bestimmt. Die EDX-Mappings bieten gegenüber den XPS-Mappings den Vorteil, dass die gesamte Reibspurbreite auf den Messingplatten und die gesamte Reibfläche auf den Stiften gemessen und ausgewertet werden kann. Damit ist es möglich, die Elementverteilung auf der gesamten reibbeanspruchten Oberfläche und nicht nur ausschnittweise zu untersuchen und zu vergleichen. Es wurden Mappings mit Cu, Zn, O, C, Fe und Cr durchgeführt. Dargestellt werden im Folgenden lediglich die Ergebnisse, die Unterschiede zwischen gut/stabil und schlecht/instabil eingelaufenen Versuchen gezeigt haben. Abbildung 4.32 zeigt die Zinkverteilung (pink) auf gut/stabil und schlecht/ instabil eingelaufenen Reibspuren aller fünf Legierungen. Weiß unterlegt sind die gut (CuZn5, 10, 36)/stabil (CuZn15, 20) eingelaufenen, dunkelgrau unterlegt die schlecht (CuZn5, 10, 36)/instabil (CuZn15, 20) eingelaufenen Versuche.

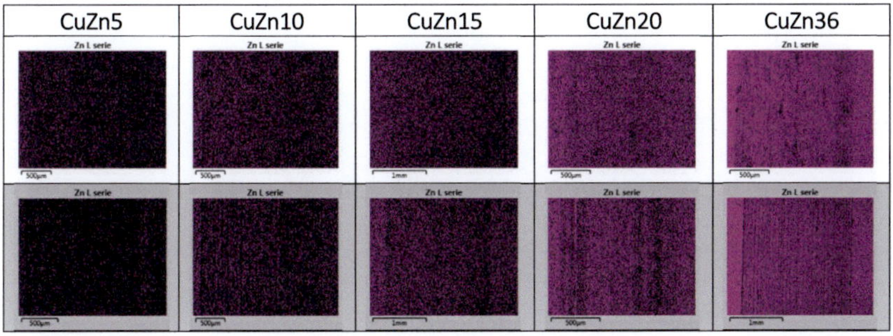

CuZn5	CuZn10	CuZn15	CuZn20	CuZn36

Abbildung 4.32

EDX-Mappings der Zinkverteilung auf gut/stabil (weißer Hintergrund) und schlecht/instabil eingelaufenen Versuchen (grauer Hintergrund). Die Reibwerte und Versuchsparameter sind in den Abbildungen 4.8 bis 4.12 dargestellt.

Die Reibrichtung war reversierend in Y-Richtung. Die Aufnahmen wurden alle mit 5 keV bei einer Aufnahmezeit von 40 Minuten durchgeführt. Die niedrige Voltzahl wurde gewählt, um die Messung möglichst oberflächen-sensitiv durchzuführen. Aufgrund der gleichen Messparameter sind die Bildaufnahmen alle direkt miteinander vergleichbar. Auf den Aufnahmen der schlecht/instabil eingelaufenen Versuche sind deutlich die Reibspuren zu erkennen. Hinzu kommen sehr viele schwarze oder dunkle Stellen. An diesen Stellen ist entweder kein oder nur sehr wenig Zink vorhanden. Das bedeutet, dass das Zink entlang der Riefen und nicht gleichmäßig über die Reibspur verteilt ist. Bei den gut/stabil eingelaufenen Versuchen hingegen ist das Zink gleichmäßig über die Spur verteilt. Dies ist bei den Legierungen mit einem höheren Zinkanteil deutlicher zu erkennen.

Der gleiche Effekt ist auch in Abbildung 4.33 zu erkennen. Hier ist die Sauerstoffverteilung (rot) auf den Reibspuren dargestellt. Weiß unterlegt sind die gut (CuZn5, 10, 36)/stabil (CuZn15, 20) eingelaufenen, dunkelgrau unterlegt die schlecht (CuZn5, 10, 36)/instabil (CuZn15, 20) eingelaufenen Versuche. Die Aufnahmen der schlecht/instabil eingelaufenen Spuren zei-gen deutlich den Riefenverlauf auf der Reibspur an. Bei den gut/stabil eingelaufenen Versuchen ist eine bessere flächenmäßige Verteilung des Sauerstoffs auf der Reibspur zu erkennen.

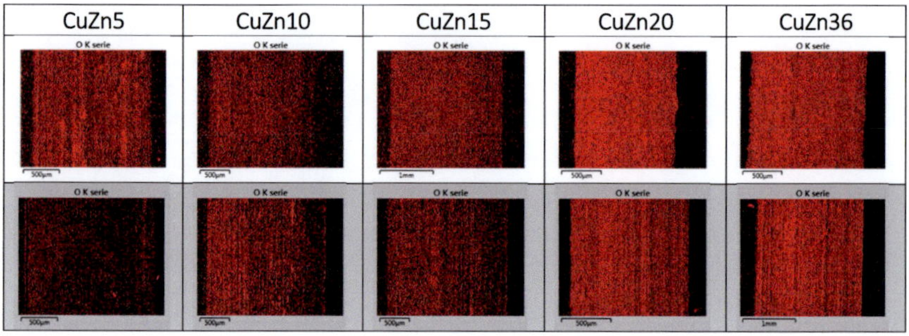

Abbildung 4.33

EDX-Mappings der Sauerstoffverteilung auf gut/stabil (weißer Hintergrund) und schlecht/instabil (grauer Hintergrund) eingelaufenen Versuchen. Die Reibwerte und Versuchsparameter sind in den Abbildungen 4.8 bis 4.12 dargestellt.

Sauerstoff tritt hauptsächlich dort auf, wo eine Reibbelastung stattgefunden hat. Die polierte Oberfläche neben der Reibspur (schwarz) weist nahezu keinen Sauerstoff auf.

Die Stifte wurden auch mit einem EDX-Mapping analysiert. Die Ergebnisse sind in Abbildung 4.34 dargestellt. Weiß unterlegt sind hier wieder die gut (CuZn5, 10, 36)/stabil (CuZn15, 20) eingelaufenen, dunkelgrau unterlegt die schlecht (CuZn5, 10, 36)/instabil (CuZn15, 20) eingelaufenen Versuche.

Ein deutlicher Unterschied stellte sich bei dem Kupfergehalt, hier türkis dargestellt, heraus. Die Stifte der gut/stabil eingelaufenen Versuche haben deutlich weniger Übertrag von Kupfer auf den Reibkontakt des Stiftes als die schlecht/instabil eingelaufenen Stifte. Genau umgekehrt proportional zur Kupferbelegung zeigt sich die Messung von Eisen, hier dunkelblau dargestellt. Genau an den Stellen, an denen Kupfer vorhanden ist, ist kein Eisen vorhanden und umgekehrt. Dies bedeutet, dass an den Stellen, an denen deutlich Eisen nachweisbar ist, ist keine Bedeckung mit Kupfer vorhanden. In diesen Bereichen hat höchstwahrscheinlich kein, oder nur sehr geringer, Materialübertrag von der Reibspur auf den Stift stattgefunden.

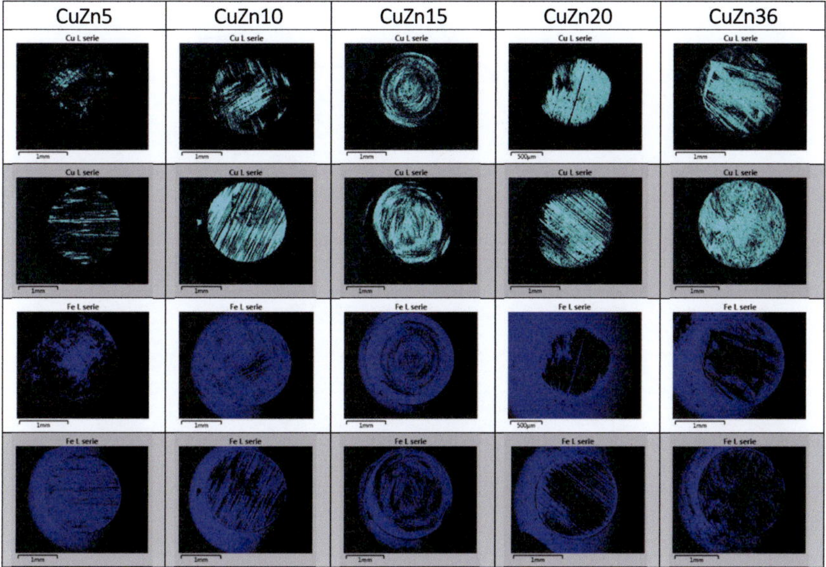

Abbildung 4.34

EDX-Mappings der Kupferverteilung (türkis) und Eisenverteilung (dunkelblau) auf gut/stabil (weißer Hintergrund) und schlecht/instabil (grauer Hintergrund) eingelaufenen Versuchen. Die Reibwerte und Versuchsparameter sind in den Abbildungen 4.8 bis 4.12 dargestellt.

4.6 AFM Testexperiment

Um die Durchführbarkeit und Messgenauigkeit eines reversierenden und ölgeschmierten Reibungsexperiments, bei dem AFM, DHM und Kraftsensor eingesetzt werden, zu prüfen, wurde ein Testexperiment duchgeführt. Zuerst muste der Abstand von AFM, DHM und Kraftsensor zueinander bestimmt werden. Anhand dieser Kalibrierung kann dann eine passende reversierende Bahnkurve generiert werden. Eine Kalibrierung muss bei jedem Wechsel des AFM-Cantilevers erfolgen. Aufgrund des hohen Zeitbedarfs ei-

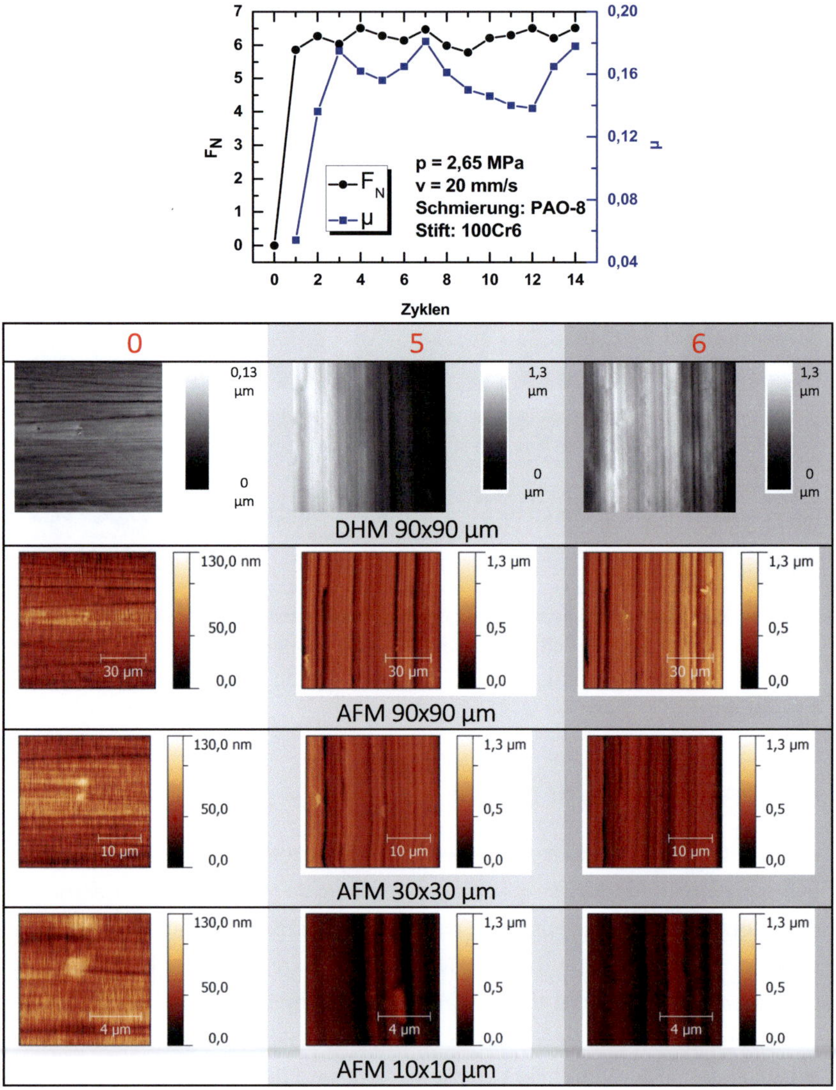

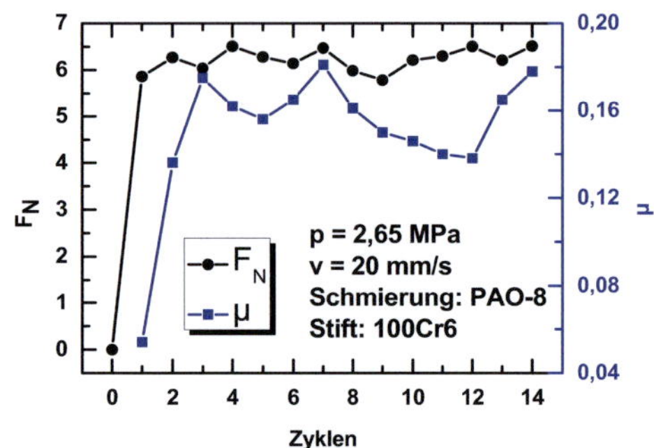

Abbildung 4.35

Reibungskoeffizient μ in Korrelation mit der Normalkraft F_N und dazugehörige Topographieaufnahmen, die mit einem DHM und einem AFM durchgeführt wurden.

ner AFM-Aufnahme (bis zu mehreren Stunden pro Bild mit einer akzeptablen Fehlerrate) wurde die Länge des Experiments auf 14 Zyklen limitiert. Die Reibwerte und ein Auszug der Topographieaufnahmen zu diesem Experiment sind in Abbildung 4.35 zu sehen.Nach jedem Zyklus wurde eine DHM Aufnahme mit einer Bildgröße von 90 µm x 90 µm erstellt. Um zu kontrollieren, ob das AFM den gleichen Bildausschnitt aufnimmt, wurde mit dem AFM ebenfalls eine 90 µm x 90 µm große Topographieaufnahme gemacht. Ein Vergleich der Bildaufnahmen von DHM und AFM von Zyklus 0 zeigt, daß die Positionsgenauigkeit innerhalb des gleichen Zyklus (Dauer: wenige Minuten) nur eine Abweichung von wenigen µm zeigt. Zusätzlich wurden mit dem AFM noch Aufnahmen von 30 µm x 30 µm und 10 µm x 10 µm durchgeführt. Dies war gleichzeitig die Grenze, bei der qualitativ akzeptable Aufnahmen erzeugt werden konnten. Anhand der Aufnahmen von Zyklus 0 kann auch gut verdeutlicht werden, welchen Mehrwert ein AFM gegenüber dem DHM erzeugt. Es können Details einer Reibspur, wie hier beispielsweise die zwei Partikel in den Bildmitten, viel genauer untersucht werden. Ein Vergleich der 90 µm x 90 µm AFM-Aufnahmen zwischen Zyklus 5 und 6 zeigt, dass die Positionierbarkeit zwischen den Zyklen (Dauer: ca. 1 Tag) auch sehr genau ist und nur eine Abweichung von wenigen µm zeigt. Durch das Experiment kann gezeigt werden, dass auch *in-situ* AFM-Aufnahmen eines Reibexperiments unter Ölschmierung mit sehr guter Präzision durchgeführt werden können und wo momentan die Leistungsgrenzen dieses Messaufbaus liegen.

.

5 Diskussion

In diesem Kapitel werden die Ergebnisse, die im vorherigen für jede einzelne Legierung vorgestellt wurden, zusammengeführt und diskutiert. Es werden zuerst die Legierungen untereinander verglichen und anschließend ein Modell vorgestellt, mit dem das Verhalten erklärt werden kann.

5.1 Einlaufverhalten der Legierungen

Die Reibwerte und Reibwertverläufe sind für alle fünf untersuchten Messinglegierungen unterschiedlich. Mit dem hier benutzten Grundöl PAO-8 und dem untersuchten Druckbereich zwischen 0,5 und 15 MPa, haben gute Einläufe nur in engen Druckbereichen bei CuZn5, 10 und 36 stattgefunden. Abbildung 5.1 zeigt eine graphische Darstellung der unterschiedlichen Druckbereiche.

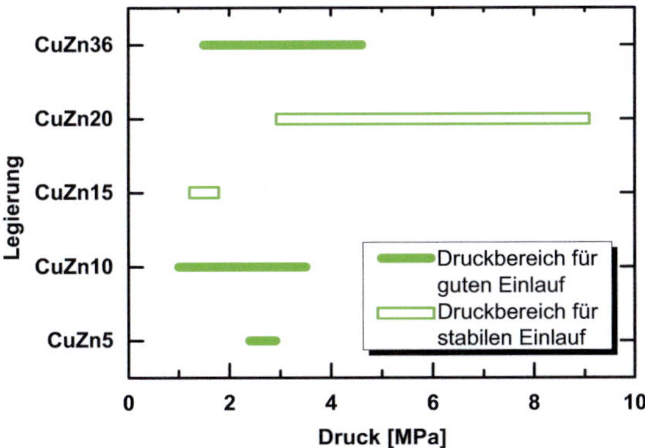

Abbildung 5.1

Druckbereiche der durchgeführten Versuche, in denen guter/stabiler Einlauf stattgefunden hat. Die Versuche wurden unter Ölschmierung mit PAO-8 bei einer Geschwindigkeit von 20 mm/s mit Stiften aus 100Cr6 durchgeführt. Der untersuchte Druckbereich lag zwischen 0,5 - 15 MPa.

Die guten Einläufe bei CuZn5 lagen im Bereich von 2,4 – 2,9 MPa. Bei CuZn10 und CuZn36 lagen die Druckbereiche mit 1 – 3,5 MPa und 1,5 .- 4,5 MPa schon etwas weiter auseinander. Bei CuZn15 und CuZn20 fand in dem untersuchten Druckbereich kein guter Einlauf statt. Für beide Legierungen fand nur stabiler Einlauf, in einem schmalen Druckbereich von 1,3 – 1,7 MPa für CuZn15 und den relativ großen Druckbereich von 3 – 9 MPa für CuZn20, statt. Eine Erklärung für diese engen Druckbereiche könnte die Verwendung des Grundöls sein, das komplett unadditiviert ist. Versuche, die nicht in den Druckbereichen von gutem/stabilem Einlauf durchgeführt wurden führten zu schlechtem/instabilen Einlauf.

Die Ergebnisse der Reibwerte aus dem stationären Bereich nach dem Einlauf für gut/stabil und schlecht/instabil eingelaufene Versuche aller Legierungen sind in Abbildung 5.2 zusammengefasst. Mit steigendem Zinkgehalt ist eine steigende Tendenz im Reibwert zu erkennen. Dies gilt sowohl für gut als auch für schlecht eingelaufene Versuche. Nur bei CuZn15 und CuZn20 zeigt sich bei den instabil eingelaufenen Versuchen ein Abfall. Hier ist auch deutlich zu erkennen, dass die Reibwerte der stabil und instabil eingelaufenen Versuche beider Legierungen im Vergleich zu den anderen Legierungen relativ eng beieinander liegen und eine deutliche Differenzierung zwischen gut und schlecht eingelaufenem Versuch anhand der stationären Reibwerte nicht möglich ist. CuZn5 zeigt bei den gut eingelaufenen Versuchen die geringsten Reibwerte um 0,05. Diese Ergebnisse zeigen gegenteiliges Verhalten zu vorherigen Beobachtungen von Taga [Taga 1975]. Dieser hat Reibuntersuchungen an binären Messinglegierungen gegen 18 %-igen Chromstahl im ungeschmierten Zustand im abrasiven Bereich durchgeführt und beobachtet, dass mit zunehmendem Zinkgehalt bis 47,1% die Reibung abnimmt. Bei höherem Zinkgehalt steigt die Reibung.

In dem hier durchgeführten Fall von geschmierter Reibung sind die Reibwerte von gut eingelaufenen Versuchen, die in den oben genannten Lastregimen einlaufen können, für CuZn5, CuZn10 und CuZn36 deutlich geringer und weisen eine deutlich geringere Streuung im Reibwert auf als die schlecht eingelaufenen Versuche. Die stabil eingelaufenen Versuche auf

CuZn15 und CuZn20 hingegen weisen einen vergleichbaren Reibwert auf, aber eine geringere Streuung im Reibwert als die instabil eingelaufenen. Dies ist möglich, da sich während der Reibbelastung in diesen Lastregimen ein dritter Körper ausbilden konnte. Der Hauptgrund für die Reibungsminderung ist die Bildung einer mit ZnO (Zinkoxid) angereicherten oberflächennahen Schicht. Dieser Effekt der Zn-Anreicherung an der Oberfläche ist bei α-Messing ein bekannter Vorgang [Spencer 1987]. Auch die Fähigkeit von ZnO, die Reibung zu reduzieren, ist schon für eine Vielzahl von Materialien beobachtet worden [Battez 2008, Su 2007]. Auch von Kong wurde eine Anreicherung von ZnO beobachtet [Kong 2003]. Er benutzte für seine Reibversuche Kupfer als Matrixmaterial, das mit CuZn40 200 µm dick beschichtet war. Battez fand heraus [Battez 2007], dass eine Zugabe von 0,5 % ZnO Nanopartikel zu PAO-6 die Reibung und den Verschleiß minimiert. Scharf fand für Systeme, die ZnO als Schmierstoff haben, typische Reibwerte von 0,1 – 0,25 [Scharf 2013]. Die hier durchgeführten Versuche bewegen sich mit den stationären Reibwerten auch in diesem Bereich.

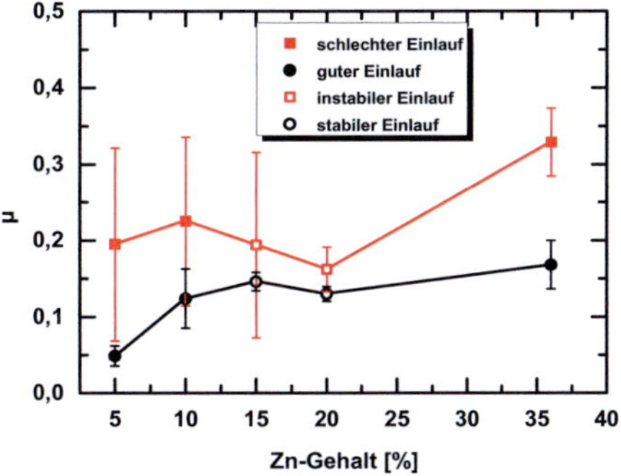

Abbildung 5.2

Reibwerte aus dem stationären Bereich nach dem Einlaufen von allen Messinglegierungen im Vergleich. Die Versuche wurden unter Ölschmierung mit PAO-8 bei einer Geschwindigkeit von 20 mm/s mit Stiften aus 100Cr6 durchgeführt. Der untersuchte Druckbereich betrug zwischen 0,5 – 15 MPa. Die dargestellten Werte sind Mittelwerte aus jeweils vier typischen Versuchen aus den entsprechenden Druckbereichen (siehe Abbildung 5.1).

Die Ergebnisse zeigen, dass der Zinkanteil im Ausgangsmaterial die Dicke und Menge der mit ZnO angereicherten Schicht beeinflusst. Abbildung 5.3 zeigt auf der oberen Grafik (a)) den Tiefenverlauf von ZnO aller Experimente. Auf dem unteren Diagramm (b)) sind zur Verdeutlichung die Konzentrationen von ZnO in einer Tiefe von 20 und von 500 nm aufgetragen. Fast alle Experimente zeigen maximale ZnO-Konzentrationen zwischen 12 und 32 % in einer Tiefe von 20 nm unter der Oberfläche. Diese sind für gut/stabil und schlecht/instabil eingelaufene Versuche für jede Legierung ähnlich und immer gegenüber dem Ausgangszustand erhöht. Bei CuZn5 hingegen zeigt sich in dieser Tiefe keine Ähnlichkeit in der ZnO-Konzentration bei gut und schlecht eingelaufenem Versuch. Dort ist die maximale ZnO-Konzentration des schlecht eingelaufenen Versuchs mit 6 % deutlich geringer, als die des gut eingelaufenen Versuchs mit 14 %. Bei einer Tiefe von 400 nm sind die ZnO-Gehalte der gut/stabil eingelaufenen Versuche von CuZn5, 10 und 15 auf Null abgefallen. Bei CuZn20 fällt der ZnO-Gehalt des stabil eingelaufenen Versuchs erst bei einer Tiefe von ca. 500 nm auf Null. Der Unterschied im Verlauf der ZnO-Konzentration von stabil und instabil eingelaufenem Versuch ist bei CuZn20 nicht so stark ausgeprägt wie bei den übrigen Legierungen. Bei CuZn36 beträgt der ZnO-Gehalt des gut eingelaufenen Versuchs bei einer Tiefe von 500 nm noch ca. 9 %. Experimente mit gutem Einlauf, also mit starker Verringerung des Reibwerts und der Verschleißrate, weisen maximale ZnO-Konzentration von 12 bis 21 Atomprozent nahe der Oberfläche auf. Höhere und niedrigere Zinkkonzentrationen führen zu schlechterem Reib- und Verschleißverhalten. Damit ein guter Einlauf auftreten kann, sollte die Dicke der Zinkoxidschicht zwischen 300 und 500 nm liegen. Eine dickere ZnO-Schicht führt wahrscheinlich dazu, dass der dritte Körper zu spröde wird. Dies führt dann zu Rissbildung und damit zu steigendem Verschleiß. Zabinski hat auch dieses versprödende Verhalten von ZnO beobachtet. Bei seinen Experimenten bildeten sich durch das versprödende Verhalten von ZnO abrasive Verschleißpartikel und es zeigte sich ein hoher Reibwert von bis zu 0,6 [Zabinski 2000]. Dieser Effekt kann besonders gut an dem schlecht eingelaufenen Experiment an CuZn36 beobachtet werden. Hier führt zu viel ZnO zu einem hohen Reibungskoeffizienten und

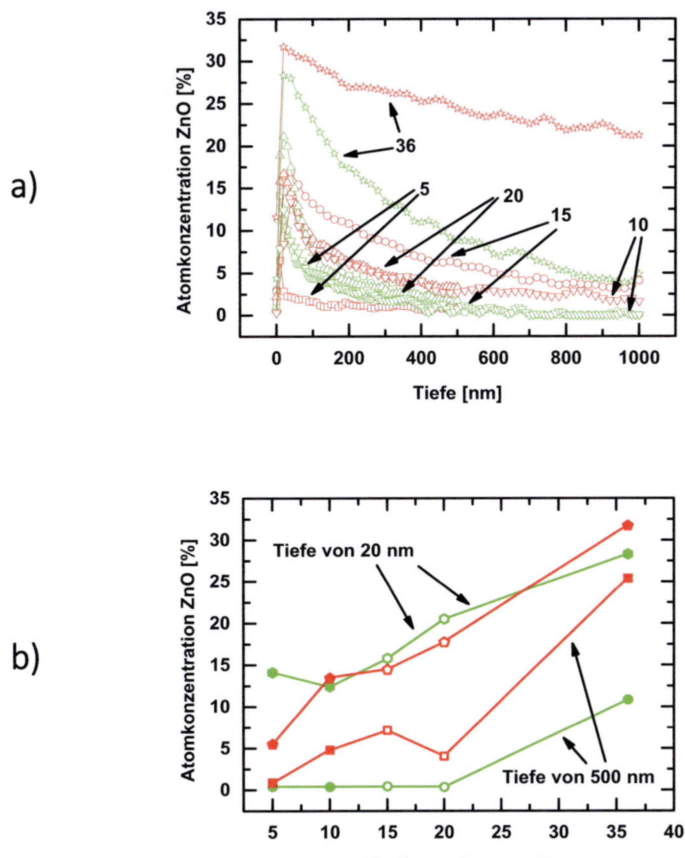

Abbildung 5.3

Tiefenverlauf von ZnO aller Experimente (a)) und explizite Werte der ZnO-Konzentration für Tiefen von 20 und 500 nm (b)). Rot dargestellt sind die schlecht (CuZn5, 10, 36) oder instabil (CuZn15, 20) eingelaufenen Versuche und grün die gut (CuZn5, 10, 36) oder stabil (CuZn15, 20) eingelaufenen. Die zugehörigen Reibwerte und Versuchsbedingungen sind in den Abbildungen 4.8 bis 4.12 dargestellt und beschrieben.

Verschleiß. Ist die Dicke der Zinkoxidschicht hingegen zu gering, ist zu wenig ZnO vorhanden und seine schmierende Wirkung reicht nicht aus. Dies ist gut an dem schlecht eingelaufenen Versuch von CuZn5 zu sehen. Hier ist auch schon die Konzentration an der Oberfläche deutlich geringer als bei den anderen Legierungen. Es kann daher nur ein guter Einlauf stattfinden, wenn maximale ZnO-Konzentrationen zwischen 12 und 32 % auftreten und die Dicke dieser Schicht zwischen 300 und 500 nm liegt.

Die Bildung des dritten Körpers beeinflusst nicht nur die Chemie, sondern auch Rauheit, Mikrostruktur und die Härte. Abbildung 5.4 zeigt die Mittelwerte der Flächenrauheit S_a nach dem Einlauf im stationären Zustand in Abhängigkeit vom Zinkgehalt.

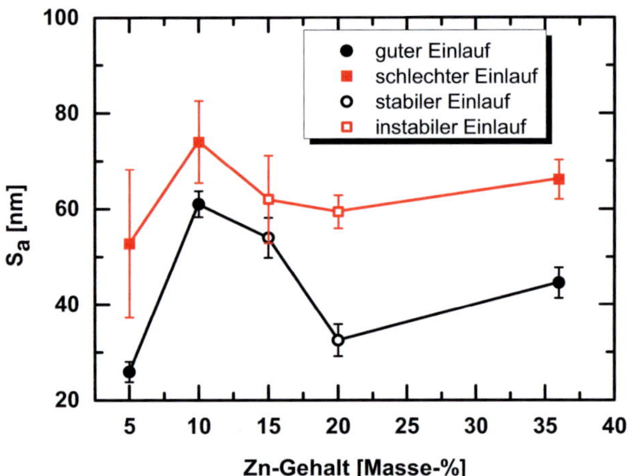

Abbildung 5.4

Mittlere Flächenrauheit S_a von allen untersuchten Legierungen in Abhängigkeit vom Zinkgehalt. Die Versuche wurden unter Ölschmierung mit PAO-8 bei einer Geschwindigkeit von 20 mm/s mit Stiften aus 100Cr6 durchgeführt. Der untersuchte Druckbereich betrug zwischen 0,5 – 15 MPa. Die dargestellten Werte sind Mittelwerte aus jeweils vier typischen Versuchen aus den entsprechenden Druckbereichen. (siehe Abbildung 5.1).

Die Flächenrauheitswerte zeigen ein vergleichbares Verhalten wie die Reibwerte in Abbildung 5.2. Die Rauheit steigt tendenziell mit dem Zinkgehalt. Für schlecht eingelaufene Versuche ist die Rauheit und deren Schwankungsbreite immer höher als die Rauheit der gut eingelaufenen Versuche. Es ist zu beobachten, dass sich die Oberfläche nach einem guten Einlauf nur noch geringfügig ändert. Für schlecht eingelaufene Versuche ändert sich die Oberfläche nach dem Einlauf ständig und stark. Dieser Effekt kann hier für alle untersuchten Legierungen beobachtet werden. Auch bei CuZn15 und CuZn20 ist Rauheit und die Änderung der Oberfläche für stabil eingelaufene Versuche geringer als für instabil eingelaufene.

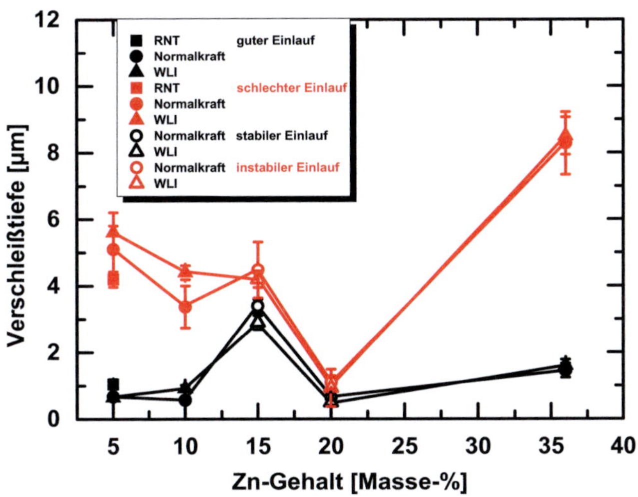

Abbildung 5.5

Verschleißtiefe in Abhängigkeit vom Zinkgehalt von allen untersuchten Legierungen nach ca. 5000 Zyklen. Die Versuche wurden unter Ölschmierung mit PAO-8 bei einer Geschwindigkeit von 20 mm/s mit Stiften aus 100Cr6 durchgeführt. Der untersuchte Druckbereich betrug zwischen 0,5 – 15 MPa. Die dargestellten Werte sind Mittelwerte aus jeweils vier typischen Versuchen aus den entsprechenden Druckbereichen (siehe Abbildung 5.1).

Eine weitere wichtige Möglichkeit, um zwischen gut und schlecht eingelaufenem Zustand zu unterscheiden ist, den Verschleiß und die Verschleißrate zu betrachten (Kapitel 4.3). Im Falle eines guten Einlaufs nimmt während des Einlaufprozesses die Verschleißrate drastisch ab [Scherge 2003b]. Dies ist auch bei den hier vorliegenden guten Einläufen der Fall. Es zeigt sich, dass für alle Legierungen das Verschleißverhalten gut mit dem Verlauf der Rauheit korreliert und auch einen stationären Zustand nach ca. 1000 Zyklen erreicht. Ein optimales Verschleißverhalten wurde von Paretkar für Zinkgehalte von 18 bis 25 % gefunden [Paretkar 1996]. Diese Beobachtungen stimmen gut mit den hier gemachten Ergebnissen der on-line Verschleißmessung auf CuZn20 überein. Siehe Abbildung 5.5.

In diesem System ist die Verschleißtiefe sowohl für stabil als auch für instabil eingelaufene Versuche extrem niedrig, obwohl kein guter Einlauf stattgefunden hat. Damit weist CuZn20 eine Sonderstellung aller hier untersuchten Legierungen auf. Im Gegensatz dazu stehen die Versuche auf den Legierungen CuZn5, 10 und 36, bei denen deutlich Unterschiede zwischen gut und schlecht eingelaufenen Versuchen bei den Reibwerten und den Verschleißtiefen auftreten. Für CuZn15 hingegen ist die Verschleißtiefe sowohl für stabil, als auch instabil eingelaufene Versuche eher auf dem Niveau der schlecht eingelaufenen Versuche einzuordnen.

Um eine Aussage über die Güte eines Einlaufs zu treffen, ist die Betrachtung der Verschleißtiefe nach Versuchsende nicht ausreichend, da diese nur Werte liefert, die den Verschleiß des Gesamtversuchs zeigen. Ein geeigneteres Mittel, um beurteilen zu können, ob ein Einlauf gut oder schlecht ist, ist die Betrachtung der Verschleißrate eines Versuchs nach dem Einlauf im stationären Zustand. Abbildung 5.6 zeigt die Verschleißrate nach dem Einlauf in Abhängigkeit vom Zinkgehalt.

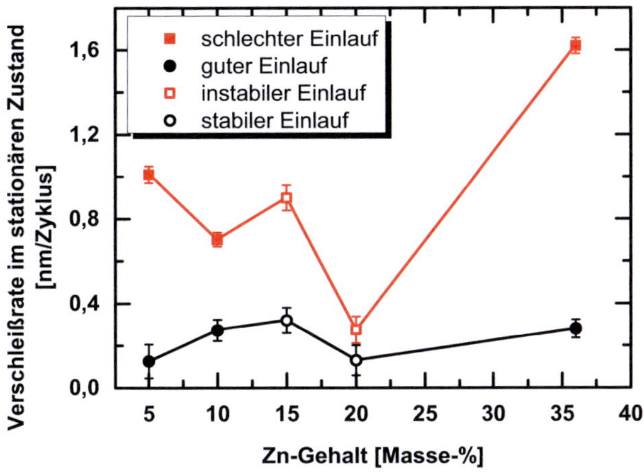

Abbildung 5.6

Verschleißrate nach dem Einlauf in Abhängigkeit vom Zinkgehalt. Die Versuche wurden unter Ölschmierung mit PAO-8 bei einer Geschwindigkeit von 20 mm/s mit Stiften aus 100Cr6 durchgeführt. Der untersuchte Druckbereich betrug zwischen 0,5 – 15 MPa. Die dargestellten Werte sind Mittelwerte aus jeweils vier typischen Versuchen aus den entsprechenden Druckbereichen (siehe Abbildung 5.1).

Die Versuche auf CuZn5, CuZn10 und CuZn36 weisen deutliche Unterschiede zwischen gut und schlecht eingelaufenen Versuchen auf. Auch CuZn15 weist deutliche Unterschiede zwischen stabil und instabil eingelaufenen Versuchen auf. Dies ist ein gutes Beispiel dafür, dass die Verschleißrate hinzugezogen werden sollte und es nicht ausreicht, die Güte eines Einlaufs anhand von Reibwerten und dem absoluten Verschleiß nach Versuchsende zu beurteilen. Bei Betrachtung der Verschleißtiefe ist zwischen stabilem und instabilem Einlauf nur ein marginaler Unterschied zu sehen. Die Verschleißrate des instabilen Einlaufs hingegen ist mit 0,9 nm/Zyklus fast viermal höher als die des stabilen Einlaufs mit 0,23 nm/Zyklus. Ein Grund für dieses unterschiedliche Verhalten zwischen Verschleißtiefe und Verschleißrate könnte sein, dass ein Einlauf erst relativ spät stattgefunden hat. Bei CuZn20 ist anhand der Verschleißtiefe kein Unterschied zwischen stabilem und instabilem Einlauf zu erkennen. Auch hier wird ein geringer Unterschied erst aus der Betrachtung der Verschleißrate ersichtlich. Die Verschleißrate ist mit 0,13 nm/Zyklus für den stabilen Einlauf immerhin weniger als halb so groß wie die Verschleißrate des instabilen Einlaufs mit 0,28 nm/Zyklus. Im Vergleich zu den übrigen Legierungen ist die Verschleißrate von CuZn20 sowohl für stabil als auch für instabil eingelaufene Versuche als niedrig zu bewerten. Tendenziell ist zu beobachten, dass mit steigendem Zinkgehalt der Verschleiß zunimmt. Diese Beobachtung machte auch Taga bei Reibuntersuchungen an binären Messinglegierungen, allerdings unter ungeschmierten Bedingungen [Taga 1975].

Von Oberle stellte fest, dass es möglich ist, über das Verhältnis von Härte (H) zu Elastizitätsmodul (E) eine Aussage über das Verschleißverhalten zu treffen [Oberle 1951]. Je höher dieses Verhältnis ist, umso höher ist der Widerstand gegen Verschleiß [Richardson 1968]. In Abbildung 5.7 sind dieses Verhältnis und die gemessenen Verschleißtiefen über den Zinkgehalt aufgetragen. Das Verhältnis H/E nimmt mit steigendem Zinkanteil zu. Der Verschleiß sollte folglich mit steigendem Zinkgehalt abnehmen. In den vorliegenden Ergebnissen steigt tendenziell der Verschleiß mit zunehmendem Zinkgehalt an. Dies gilt sowohl für gut/stabil, als auch für schlecht/instabil eingelaufene Versuche. Lediglich für CuZn20 ist eine Abnahme zu erkennen. Um eine Aussage über das Verschleißverhalten der hier untersuchten Messinglegierungen zu treffen, ist die Betrachtung des Verhältnisses H/E nur eingeschränkt aussagefähig. Diese Beobachtung machte auch Strauss [Strauss 2011].

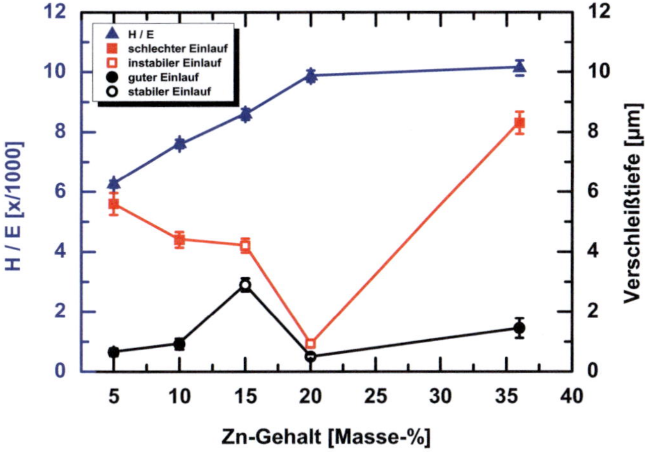

Abbildung 5.7

Gegenüberstellung des Verhältinisses H/E zur Verschleißtiefe in Abhängigkeit vom Zinkgehalt. Die Versuche wurden unter Ölschmierung mit PAO-8 bei einer Geschwindigkeit von 20 mm/s mit Stiften aus 100Cr6 durchgeführt. Der untersuchte Druckbereich betrug zwischen 0,5 – 15 MPa. Die dargestellten Werte sind Mittelwerte aus jeweils vier typischen Versuchen aus den entsprechenden Druckbereichen (siehe Abbildung 5.1).

Für alle Legierungen und Versuche findet durch die Reibbelastung eine Veränderung der Mikrostruktur statt. Es bildet sich eine oberflächennahe Zone, in der Kornfeinung auftritt. Diese Kornfeinung für Kupfer und Messinglegierungen wurde schon in vorhergehenden Untersuchungen beobachtet [Lubarski 1976, Sundberg 1987, Korres 2011, Moshkovich 2011]. Sowohl bei gut/stabil als auch schlecht/instabil eingelaufenen Versuchen kann eine Zone mit verkleinerten Körnern und homogener Verteilung mit Dicken von 2 bis 11 µm beobachtet werden (Abbildung 5.8 a)). Zusätzlich zu der Kornfeinung treten oberflächennah rissähnliche und häufig vortexartigen Strukturen, die hauptsächlich in den FIB-Aufnahmen der schlecht und auch instabil eingelaufenen Versuche zu erkennen sind, auf. Diese könnten von sogenannten Folding-Effekten herrühren. Das sind komplexe Falteffekte, die aus mehreren Faltungen des Materials bestehen, welche durch plastische Instabilität des Materials hervorgerufen werden. Diese starken plastischen Veränderungen durch Folding könnten eine weitere Erklärung für die erhöhten Reibwerte der schlecht und auch der instabil eingelaufenen Versuche sein, da dadurch mehr Energie dissipiert wird als bei den gut eingelaufenen Versuchen. Durch diesen Folding-Effekt kann auch erklärt werden, warum in unmittelbarer Nähe der rissartigen Strukturen die Gefügestruktur meist stark verkleinert ist. Das Folding sorgt dafür, dass die oberflächennahen sehr kleinen Körner während der Reibbelastung wieder tiefer in das Material „hineingearbeitet" werden. Diese Strukturen mit einem vergleichbaren Aussehen der hier vorliegenden FIB-Aufnahmen konnte Sundaram *in-situ* bei Reibversuchen an weichgeglühtem Kupfer auf der Mesoskala beobachten [Sundaram 2012]. Er fand heraus, daß dies ein weiterer Mechanismus ist, der Rissbildung bei Delamination fördert. Kassman fand auch vergleichbare Folding-Effekte bei Fretting-Versuchen auf Kupfer [Kassman 1993]. Die Veränderung der Mikrostruktur führt auch zu anderen Härtewerten als das Ausgangsmaterial besitzt [Balogh 2008, Kato 2010]. Bei Messing ist Kornverfeinerung der Hauptmechanismus zur Härtesteigerung, der mit der Hall-Petch-Beziehung erklärt werden kann [Hall 1951, Petch 1953].

Abbildung 5.8 b) zeigt die Härtewerte aller untersuchten Legierungen im Ausgangszustand und nach Versuchsende. Die höhere Streuung der Härtewerte der gelaufenen Versuche gegenüber denen des Ausgangsmaterials kann mit der kleineren Gefügestruktur erklärt werden. Das Ausgangsmaterial besitzt so große Körner, dass sie mit der Vickersspitze mehrfach gemessen werden und somit ergibt sich ein relativ konstanter Härtewert. Die gelaufenen Versuche haben sehr kleine Korngrößen und somit werden mit einem Härteeindruck unterschiedliche Körner gemessen, die zusätzlich noch unterschiedliche Orientierungen der Kristallstruktur aufweisen. Diese Kornfeinung, ungleichmäßige Verteilung und Ausrichtung könnte durch die dissipierte Reibung erklärt werden, die lokal unterschiedlich stattfindet. Die schlecht/instabil eingelaufenen Versuche weisen eine deutlich tiefere mikrostrukturelle Veränderung der oberflächennahen Schicht in Tiefen von 5 bis 11 µm auf als die gut/stabil eingelaufenen, die nur eine Dicke von 2 bis

3 µm aufweisen. Diese Schicht zeigt im Gegensatz zu den gut oder stabil eingelaufenen Versuchen eine inhomogene Verteilung der Korngrößen und mehr rissähnlichen Strukturen, die auch deutlich größer sind und häufiger auftreten als bei den gut/stabil eingelaufenen Versuchen. Ähnliche Beobachtungen wurden auch von Sadykov gemacht [Sadykov 1999]. Aufgrund der Folding-Effekte ist bei den schlecht/instabil eingelaufenen Versuchen die Korngröße in dieser Schicht inhomogener und mit rissartigen Strukturen stärker durchsetzt als bei den gut/stabil eingelaufenen Versuchen. Nach Schiotz ist eine nanokristalline Gefügestruktur gut geeignet, um die Duktilität und Plastizität des Werkstoffs zu erhöhen [Schiotz 1998]. Bei den schlecht/instabil eingelaufenen Versuchen ist in der oberflächennahen Schicht die Korngröße nur teilweise nanokristallin und nicht homogen verteilt. Diese inhomogene Verteilung der duktilen nanokristallinen Schicht könnte dazu führen, daß es durch die unterschiedliche Elastizitäten zu Anrissbildungen zwischen dem duktileren nanokristallinen Gefüge und dem weniger duktilen grobkörnigeren Gefüge kommt. Diese erhöhte Duktilität der nanokristallinen Körner und kleine Anrisse könnten die Bildung der vortexartigen Strukturen begünstigen und es kann eine starke „Materialdurchmischung" stattfinden. Die insgesamt kleinere Korngröße in den kristallin veränderten Schichten der instabil/schlecht eingelaufenen Versuche, die nanokristallinen Bereiche ausgenommen, erklärt die höhere Härte und die rissähnlichen Strukturen die größere Streuung der Härtewerte (Abbildung 5.8 b)). Die vorhandenen rissähnlichen Strukturen könnten auch die höheren Verschleißraten erklären, denn sie könnten zu größeren Verschleißpartikeln führen. Vorhergehende Untersuchungen zeigten, dass riss- oder vortexartige Strukturen Vorstufen von beginnender Delamination sind, die zu höheren Verschleißraten führt [Korres 2011, Sadykov 1999].

a)

b)

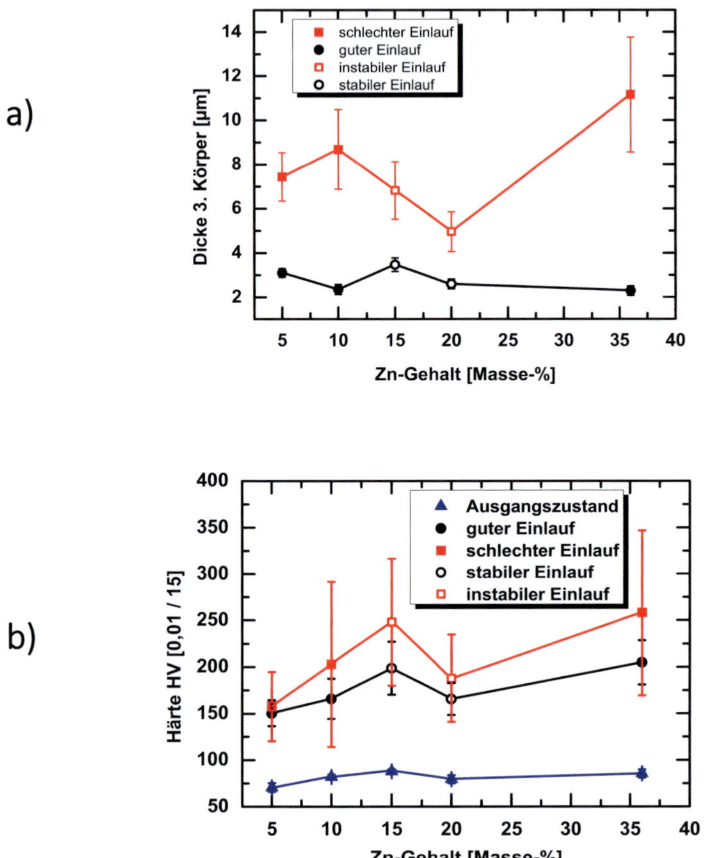

Abbildung 5.8

Tiefe des dritten Körpers (a)) und Härte (b)) aufgetragen in Anhängigkeit vom Zinkgehalt. Die Versuche wurden unter Ölschmierung mit PAO 8 bei einer Geschwindigkeit von 20 mm/s mit Stiften aus 100Cr6 durchgeführt. Der untersuchte Druckbereich betrug zwischen 0,5 – 15 MPa. Die dargestellten Werte sind Mittelwerte aus jeweils vier typischen Versuchen aus den entsprechenden Druckbereichen(siehe Abbildung 5.1).

5.2 Einlaufverhalten der Stifte

Die Ergebnisse von allen Experimenten, die im Rahmen dieser Arbeit auf α-Messing durchgeführt wurden, zeigen, dass ein zu dicker Transferfilm bestehend aus Kupfer und Zink auf dem Gegenkörper schlecht für einen guten Einlauf ist. Die Bildung eines Transferfilms auf dem Stahlstift führt zu einer Erhöhung der Reibung und ist ein charakteristisches Zeichen für das Vorhandensein von adhäsivem Verschleiß [Stachowiak 2005]. Dabei wird Material von einem Werkstoff zum anderen übertragen und löst sich dann wieder als Verschleißpartikel [Stachowiak 2005]. Diese Bildung eines Transferfilms oder von Transferpartikeln hat einen dramatischen Einfluss auf die Reibung und die Verschleißrate [Sasada 1979]. Bei schlechtem und instabilem Einlauf findet eine Bildung und Rückbildung eines Transferfilms mehrfach während des Versuchs statt. Für Experimente auf Messinglegierungen ohne Schmierung wurde dieser Effekt erstmals von Kerridge beobachtet [Kerridge 1956]. Er fand während seiner Experimente heraus, bei denen Stahl gegen Messing gerieben wurde, dass Messing auf den Gegenkörper aus Stahl transferiert wird. Er beobachtete, dass während eines Reibversuchs die Dicke des Transferfilmes unabhängig von der Normalkraft nahezu konstant bleibt. In dieser Arbeit wurde ein ständiger Auf- und Abbau des Transferfilms während des Reibversuchs beobachtet. Dieser Transfer wurde auch schon für andere Metallkombinationen in Reibversuchen beobachtet. In vielen Versuchen mit verschiedenen Metallkombinationen stellte sich heraus, dass der Transfer meist vom weicheren (hier Messing) zum härteren (hier Stahl) Material stattfindet [Cocks 1962, Antler 1964]. Sie beobachteten diesen Transfer während des gesamten Reibversuchs. In den hier durchgeführten Experimenten zeigt sich nur eine temporäre Transferfilmbildung. Dies könnte daran liegen, dass die hier durchgeführten Versuche geschmiert sind und der Schmierstoff die Transferfilmbildung hemmt.

Da diese Transferfilmbildung entscheidend zum tribologischen Verhalten des hier untersuchten Reibsystems beiträgt, wird diese Bildung nun genauer erläutert. Abbildung 5.9 zeigt das Schema dazu. Um die Transferfilmbildung zu untersuchen, wird die Position des Normalkraftsensors konstant gehalten. Damit kann, wie bei der Verschleißmessung, sehr genau die Abstandsänderung zwischen Stift und Platte gemessen werden. Nimmt die Normalkraft zu, steigt der Abstand, nimmt sie ab, fällt er dementsprechend zueinander. Wenn sich ein Transferfilm bildet (Bild 2), dann steigt die Reib-

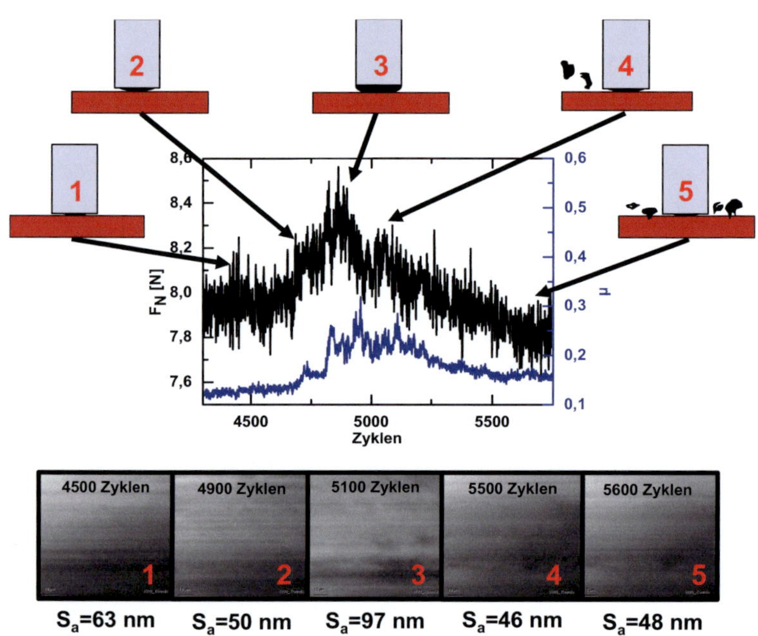

Abbildung 5.9

Beobachtung zum simultanen Anstieg der Normalkraft (schwarz) und des Reibungskoeffizienten (blau) bei einem schlecht eingelaufenen Versuch auf CuZn5 mit dazugehörigen Topographieaufnahmen. Der Versuch wurde unter Ölschmierung mit PAO-8 bei einer Geschwindigkeit von 20 mm/s mit einem Stift aus 100Cr6 durchgeführt. Der Druck betrug 3,9 MPa (siehe Abbildung 4.8 b)).

kraft. Der Transferfilm kann sich dadurch bilden, dass die Reibspur auf der Platte deutlich länger ist als die Ausdehnung des Stiftes selbst. Dies ermöglicht es, dass der Stift das Material der Platte aufnehmen kann und der Transferfilm stärker wachsen kann als das Material von der Platte durch

Verschleiß weggenommen werden kann. Durch diesen Effekt ist ein Wachsen des Transferfilms möglich und gut zu beobachten. Ist der Transferfilm zu groß, wird er instabil und fängt an, sich Stück für Stück zu degenerieren (Bild 3 bis 5). Dies könnte unter anderem durch zu groß gewordene Scherspannungen innerhalb des Transferfilms ausgelöst werden. Während dieses Rückbildungsvorgangs können Verschleißpartikel auf der Oberfläche beobachtet werden (Bild 3 bis 5). Mehrere Autoren haben diesen Mechanismus zur Bildung von Verschleißpartikeln auch schon aufgegriffen und diskutiert [Kerridge 1956, Rigney 1984]. Sie fanden mit Hilfe von Stift-auf-Scheibe-Experimenten heraus, daß hauptsächlich von den Transferfilmen auf den Stiften Verschleißpartikel über die gesamte Versuchsdauer generiert werden. Der härtere Stift zeigt in diesen Fällen keinen Verschleiß. Dies ist auch bei den hier untersuchten Experimenten zu beobachten. Allerdings ist in den vorliegenden Experimenten der Transferfilm nur temporär vorhanden und sein Verhalten ist dynamisch. Auch Sasada [Sasada 1979] sah ein ähnliches Verhalten. Er korrelierte die Höhenveränderung des Stiftes über der Platte und beobachtete ein plötzliches Ablösen des Transferfilmes vom Stift. Dies unterscheidet sich von den hier gemachten Beobachtungen darin, dass sich hier der Transferfilm Stück für Stück kontinuierlich vom Stift ablöst. Das Ablösen schreitet so lange voran bis die Reibkraft und dementsprechend die Scherspannung so gering ist, dass der restliche dünne Transferfilm auf dem Stift verbleibt. Danach bleiben die Reibung und die Rauheit für einige Zyklen konstant und danach findet wieder ein Aufbau des Transferfilms statt. Dieser ständige Auf- und Abbauprozess erklärt die stärkeren Schwankungen in den Reibwerten der schlecht und instabil eingelaufenen Versuche. Die stärkeren Schwankungen der schlecht und instabil eingelaufenen Versuche auf CuZn5, 10 und 15 gegenüber CuZn20 und 36 könnten durch geringere Scherfestigkeiten dieser Legierungen erklärt werden, die bei zu großen Scherspannungen zu einer Zerstörung des Transferfilms führen. Die Scherfestigkeit nimmt mit steigendem Zinkgehalt zu [Kupfer 1966]. Das Vorhandensein eines Transferfilmes auf dem Stift ist auch bei den Tiefenprofilen der XPS-Messung zu sehen (Kapitel 4.5.1). Bei den schlecht und instabil eingelaufenen Experimenten ist die Atomkonzentration von

Cu/Cu$_2$O und Zn/ZnO auf den Stiften deutlich höher und verläuft auch bis in größere Tiefen von über 500 nm bei CuZn36 im Vergleich mit den zugehörigen Stiften der gut eingelaufenen Versuche. Ein weiterer Effekt, der verschleißfördernd wirkt ist, dass der Transferfilm während der Reibbeanspruchung kaltverfestigt wird und die losgelösten Partikel aus dem Transferfilm abrasiven Verschleiß auf der Platte bewirken [Rigney 1984]. Die ständige Reibbelastung, der der Transferfilm ausgesetzt ist, führt bei dem Messing des Transferfilms unter anderem zu Folding-Effekten. Die typischen riss- und vortexartigen Strukturen sind gut in Abbildung 5.10 links zu erkennen. Diese erzeugen wiederum eine Kornfeinung, die härtesteigernd wirkt. Abbildung 5.10 zeigt auf der linken Seite eine FIB-Aufnahme eines Transferfilms auf einem Stahlstift eines schlecht eingelaufenen Versuchs auf CuZn10 und rechts ein Schema zur mechanischen Härtung.

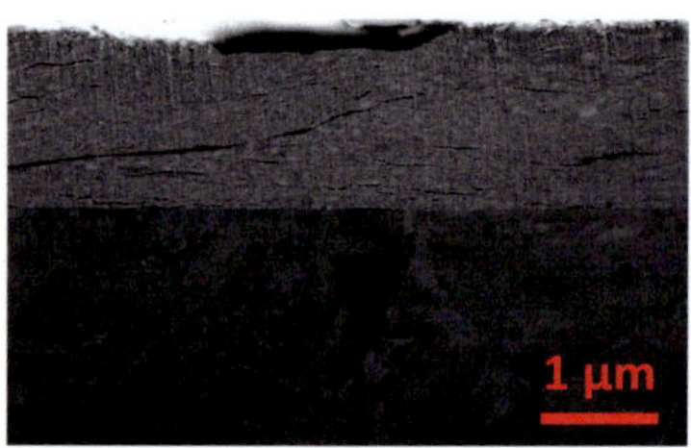

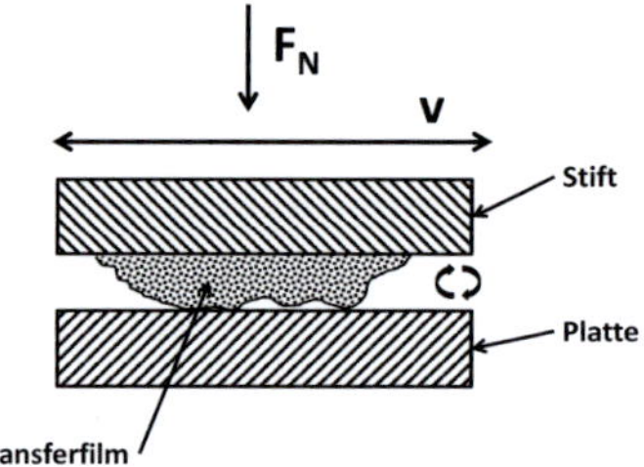

Abbildung 5.10

FIB-Aufnahme eines Transferfilms eines schlecht eingelaufenen Versuchs auf CuZn10 (links). Der Versuch wurde unter Ölschmierung mit PAO-8 bei einer Geschwindigkeit von 20 mm/s mit einem Stift aus 100Cr6 durchgeführt. Der Druck betrug 3,85 MPa. Schema zur mechanischen Härtung (rechts).

Die Aufnahme zeigt in der unteren Hälfte das martensitische Gefüge des Stahlstiftes, das keinerlei mikrostrukturelle Veränderung gegenüber dem Ausgangszustand aufweist und in der oberen Hälfte den Transferfilm. Der Transferfilm zeigt eine sehr viel kleinere Kornstruktur als der dritte Körper der Reibspuren auf dem Messing und viele rissartige Strukturen, die wahrscheinlich von Folding-Effekten herrühren. Wie vorhergehend schon erwähnt, führt eine Kornfeinung bei Messing zu einer Zunahme der Härte.

Das Material des Transferfilms ist härter als das der Messingplatte. Wenn nun dieses Material lösgelöst wird, wirken diese Partikel abrasiv und pflügen durch das Material und erzeugen Furchen. Dies führt zu Rissbildung auf der Messingplatte und damit zu erhöhtem Verschleiß. Dieser Effekt wurde auch schon von Komvopoulos beschrieben [Komvopoulos 1985].

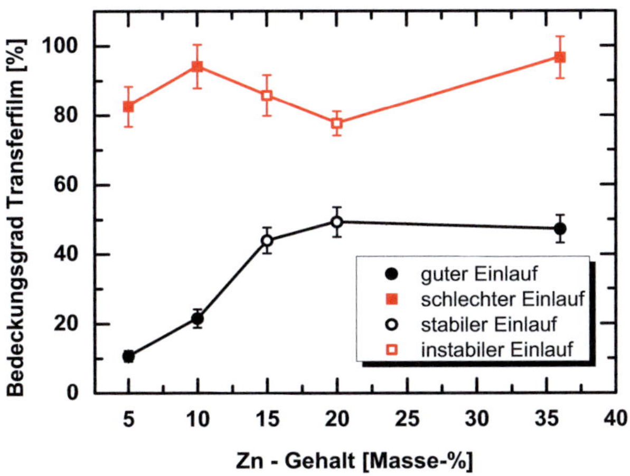

Abbildung 5.11

Bedeckungsgrad der Stifte mit einem Transferfilm in Abhängigkeit vom Zinkgehalt. Die Versuche wurden unter Ölschmierung mit PAO-8 bei einer Geschwindigkeit von 20 mm/s mit Stiften aus 100Cr6 durchgeführt. Der untersuchte Druckbereich betrug zwischen 0,5 – 15 MPa. Die dargestellten Werte sind Mittelwerte aus jeweils vier typischen Versuchen aus den entsprechenden Druckbereichen. (siehe Abbildung 5.1).

Nicht nur die Ausdehnung des Transferfilms in der Höhe der Stifte zeigt Unterschiede zwischen gut/stabil und schlecht/instabil eingelaufenen Versuchen, sondern auch die räumliche Ausdehnung. Eine Auswertung der EDX-Aufnahmen der Stifte mit Hilfe eines open source Bildbearbeitungsprogrammes (ImageJ) ermöglicht es zu bestimmen, wie viel Prozent der Reibfläche der Stifte mit einem Transferfilm bedeckt ist. Hier wurde die

Bedeckung mit Cu betrachtet. Abbildung 5.11 zeigt den Bedeckungsgrad der Stifte in Abhängigkeit vom Zinkgehalt.

Die schlecht/instabil eingelaufenen Stifte zeigen einen deutlich höheren Bedeckungsgrad der Stifte mit 78 bis 96 % als die Stifte der gut/stabil eingelaufenen Versuche mit 11 bis 49 %. Der Verlauf der beiden Graphen ist vergleichbar mit den Kurvenverläufen der Reibwerte (Abbildung 5.2) und lässt damit auf einen direkten Zusammenhang schließen.

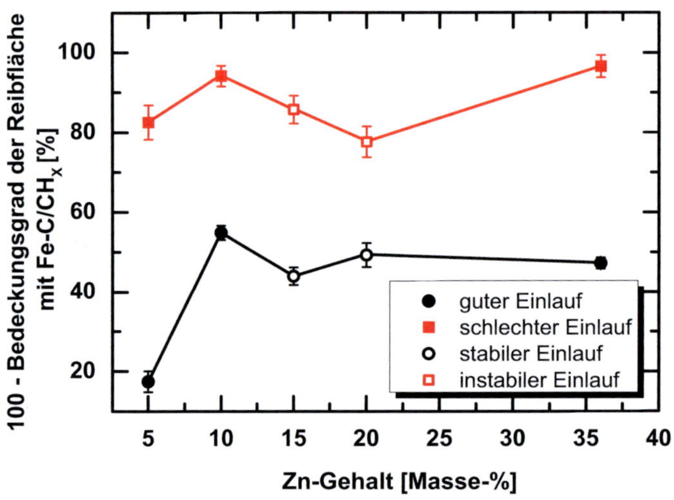

Abbildung 5.12

Bedeckungsgrad der Reibfläche mit Fe-C/CH$_x$ der Kugeln in Abhängigkeit vom Zinkgehalt. Die Versuche wurden unter Ölschmierung mit PAO-8 bei einer Geschwindigkeit von 20 mm/s mit Stiften aus 100Cr6 durchgeführt. Der untersuchte Druckbereich betrug zwischen 0,5 – 15 MPa. Die dargestellten Werte sind Mittelwerte aus jeweils vier typischen Versuchen aus den entsprechenden Druckbereichen (siehe Abbildung 5.1).

Die Fähigkeit von Kohlenstoff, die Reibung zu reduzieren, ist bekannt [Kobs 1990], auch unter geschmierten Bedingungen mit PAO [Podgornik 2004]. Eine besonders hohe Fähigkeit Reibung zu reduzieren besitzt Kohlenstoff, wenn es direkt an Eisen gebunden ist [Fontaine 2005]. Die mit Hilfe von

XPS-Messungen ermittelten Tiefenverläufe zeigen für alle Experimente ähnliche Verläufe von C/CH_X. Hier ist nur schwierig eine Differenzierung möglich. Ein Unterschied ist erst zu erkennen, wenn der Bedeckungsgrad der Reibflächen betrachtet wird, auf denen C/CH_X in Kontakt zu Eisen steht. Abbildung 5.12 zeigt den Bedeckungsgrad der Reibfläche der Kugel in %, der von metallischem Eisen in Verbindung mit C/CH_X bedeckt ist. Dieser Bedeckungsgrad wurde aus den EDX-Aufnahmen ermittelt. Um eine bessere Vergleichbarkeit mit den Reibwerten zu ermöglichen, wurden die Prozentwerte des Bedeckungsgrades in der Form (100-x) für die Darstellung verwendet.

Für die gut/stabil eingelaufenen Versuche liegt der Bedeckungsgrad zwischen 45 und 82 %. Die schlecht/instabil eingelaufenen Versuche zeigen nur Bedeckungsgrade zwischen 4 und 22 %. Je höher also der Bedeckungsgrad mit $Fe-C/CH_X$, umso geringer und stabiler der Reibwert und die Neigung zur Transferfilmbildung. Der Kurvenverlauf korreliert sehr gut mit dem Verlauf der Reibwerte aus Abbildung 5.2.

5.3 Einlaufverhalten des Gesamtsystems

In einem Reibkontakt wird Energie dissipiert. Diese Umsetzung der Energie führt unter anderem dazu, dass sich die Gefügestruktur ändert und ein mechanisches „Umwälzen" der Werkstoffe stattfindet [Shakhvorostov 2006]. Zum anderen bringt der Energieeintrag eine gewisse Menge an Aktivierungsenergie in das Reibsystem ein, die Diffusionsprozesse in Gang setzt. Die Umwälzung des Materials führt dazu, dass Stoffe aus der Umgebung, wie z.B. Sauerstoff und Kohlenstoff, in das System eingebracht werden. Wie vorhergehend beschrieben, muss für einen guten Einlauf eine gewisse Konzentration von Zn (ca. 12 – 25 %) an der Oberfläche vorhanden sein, damit die Reibung durch das sich dort bildende ZnO reduziert wird. Dafür muss Aktivierungsenergie in einem gewissen Maß bei CuZn5, 10 und 15 eingebracht werden, damit sich genügend Zn an der Oberfläche anreichern kann. Bei CuZn20 ist nicht so viel Aktivierungsenergie nötig, da sich dort genügend Zn nahe der Oberfläche befindet. Bei CuZn36 ist schon im

Ausgangszustand zu viel Zn vorhanden. Dadurch kann viel ZnO nahe der Oberfläche gebildet werden und dies führt zu erhöhten Reibwerten. Dass zu viel oder zu wenig ZnO die Reibung erhöht, zeigte auch Battez mit seinen Untersuchungen von verschiedenen ZnO-Gehalten in PAO [Battez 2008]. Ist der Energieeintrag in das System zu hoch, wird O in größere Tiefen als 500 nm eingebracht und reagiert dort auch zu ZnO. Wird der Sauerstoff zu tief in das System eingebracht, führt dies zu einer Versprödung des Werkstoffs [Zabinski 2000]. Die Bedingung, dass diese Tiefenverteilung von Zn und O existieren muss, erklärt die sehr engen Druckbedingungen, unter denen CuZn5, 10, 15 und 36 gut oder stabil einlaufen und den relativ weiten Druckbereich, unter dem CuZn20 niedrige Reibwerte zeigt. Im Fall des schlecht eingelaufenen Versuchs von CuZn5 wird nicht genügend Sauerstoff in eine ausreichende Tiefe gebracht, um einen ZnO-Film von 500 nm Dicke auszubilden. Hinzu kommt, dass nicht genügend Zn an der Oberfläche vorhanden ist, um ausreichend ZnO zu bilden. Der schlecht eingelaufene Versuch auf CuZn36 hat zuviel ZnO an der Oberfläche und zuviel O in der Tiefe, was zu einem Verspröden des Messings führt. Dies erklärt die sehr hohen Reib- und Verschleißwerte.

Ein weiterer Effekt, der das Reibsystem Messing-Stahl so sensibel macht, ist die Transferfilmbildung. In einem geschmierten Reibsystem sorgt das Öl dafür, dass die Oberflächen der Reibpartner „kontaminiert" werden und damit die Adhäsionskräfte verringert werden. Dies führt zu einer Verringerung des Reibwertes und des Verschleißes [Bowden 1964]. Die Dissipation der Energie im Reibkontakt führt unter anderem auch dazu, dass die CH_x-Ketten des Öls gecrackt werden. Ist die Energie ausreichend, kann genügend C entstehen, um den Stahlstift zu bedecken und die Kontaktfläche Stahl-Messing zu trennen und eine Transferfilmbildung wird verhindert, verringert oder sogar gestoppt. Ist die eingebrachte Energie zu gering, wird zu wenig C gebildet und kann den Stift nicht genügend bedecken. Ist diese Energie jedoch zu groß, wird der schützende C-Film von Asperitäten durchbrochen oder andersartig zerstört. Dann können wieder adhäsive Kräfte wirken und ein Materialübertrag kann auf den Stahlstift stattfinden. Findet einmal ein Ablösen des Transferfilms statt, ist es durch die vorhandenen gehärteten Verschleißpartikel nur noch schwer möglich, dass sich eine ausreichende Bedeckung des Stahlstiftes mit C ausbilden kann und der Aufbau eines Transferfilms findet erneut statt.

Diese beiden reibungs- und verschleißmindernden Haupteffekte müssen am besten gleichzeitig auftreten, damit die Reibung und der Verschleiß des Systems Messing-Stahl sehr gering ausfallen und es optimal einläuft. Die „Performance" des Systems CuZn20 gegen Stahl ist daher so gut, da die optimale Zn-Verteilung schon vorhanden ist und keine Diffusionsprozesse und lange Einlaufprozesse stattfinden müssen. Bei allen anderen Legierungen muss sich durch einen Einlauf erst die optimale Zn-Konzentration einstellen.

6 Zusammenfassung

In der vorliegenden Arbeit wurde das Einlaufverhalten von binären Messinglegierungen gegen 1.3505 unter Ölschmierung im reversierenden Gleitkontakt untersucht. Beide Reibpartner waren metallographisch poliert. Es wurden anhand von Modellversuchen die Unterschiede zwischen gut/stabil und schlecht/instabil eingelaufenen Versuchen gezeigt. Die Geschwindigkeiten bewegten sich zwischen 10 und 20 mm/s. Dabei konnten die besten Ergebnisse bei einer Geschwindigkeit von 20 mm/s erreicht werden. Die Reibversuche auf binärem Messing zeigten für jede Legierung unterschiedliche Druckbereiche, in denen guter oder stabiler Einlauf stattfand. CuZn5 zeigte zwischen 2,4 und 2,9 MPa, CuZn10 zwischen 1 und 4,5 MPa und CuZn36 zwischen 1 und 4,5 MPa guten Einlauf. CuZn15 und CuZn20 zeigten keinen guten, sondern nur stabilen Einlauf zwischen 1,3 und 1,7 MPa und zwischen 3 und 9 MPa. Dabei wies von allen untersuchten Legierungen CuZn20 den höchsten Druckbereich auf, in dem ein stabiler Einlauf mit sehr geringem Verschleiß stattfinden kann. CuZn5 zeigte das beste Einlaufverhalten mit dem niedrigsten Reibwert. Mit zunehmendem Zinkgehalt war eine steigende Tendenz im Reibwert und im Verschleiß zu erkennen. Die Reibungskoeffizienten aller durchgeführten Versuche korrelierten sehr gut mit der Rauheit, dem Verschleiß, der mikrostrukturellen Veränderung, der Härte und dem Bedeckungsgrad des Stahlstiftes mit einem Transferfilm. Die gut und stabil eingelaufenen Versuche zeigten immer eine geringere Rauheit und Härte als die schlecht und instabil eingelaufenen Versuche. Die Verschleißraten waren für gut eingelaufene Versuche deutlich geringer als für schlecht eingelaufene Versuche. Durch Korrelation der Verschleißmessugen mit der Radionuklidtechnik mit der Änderung der Normalkraft konnte gezeigt werden, dass *in-situ* Verschleißmessungen auch mit einem Normalkraftsensor möglich sind. Alle Versuche zeigten eine Veränderung der Mikrostruktur. Die gut und stabil eingelaufenen Versuche zeigten dabei Veränderungen auf, die bis in eine Tiefe von 2 bis 3 µm reichen und sehr homogen waren. Die schlecht und instabil eingelaufenen

Versuche hingegen wiesen Veränderungen bis in eine Tiefe von 5 bis 11 µm auf und der mikrostrukturell veränderte Bereich ist sehr inhomogen und weist riss- und vortexartige Strukturen auf. Es wurde gezeigt, dass eine Zinkoxidanreicherung mit Tiefen zwischen 300 und 500 nm an der Oberfläche der Messingplatten die Reibung und den Verschleiß reduziert. Dabei muss eine an den Zinkgehalt angepasste Energie in das System eingebracht werden, damit ausreichend Zink an die Oberfläche diffundieren kann, um die Zinkoxidschicht auszubilden. Gleichzeitig führt zu viel und zu wenig Zinkoxid zu einer Erhöhung der Reibung und des Verschleißes. War zu wenig Zinkoxid vorhanden, war die schmierende Wirkung zu gering, war zu viel Zinkoxid vorhanden, sorgte es für eine Versprödung des Werkstoffs. Eine Bildung eines Transferfilms aus Kupfer und Zink auf dem Stahlstift führte zu einer Erhöhung des Reibwerts und des Verschleißes. Dabei fand immer Matrialübertrag vom härteren zum weicheren Material statt. Je größer die Dicke des Transferfilms und je größer der Bedeckungsgrad der Stahlstifte mit einem Transferfilm, umso höher war der Verschleiß und der Reibwert. Die Bildung eines Transferfilms konnte durch Kohlenstoff, der direkt auf dem Stahlstift gebunden ist, verringert werden. Der Kohlenstoff auf dem Stahlstift verringerte zusätzlich die Reibung. Die Bildung und Zerstörung eines Transferfilms konnte mit Hilfe der Daten des digitalen Holographiemikroskops und des Normalkraftsensors *in-situ* beobachtet werden.

Literaturverzeichnis

[Amin 1987] Amin K.: Friction characteristics of lubricated copper surfaces with controlled asperity sizes, Wear, 115, 361 – 373, 1978

[Antler 1964] Antler M.: Processes of metal transfer and wear, Wear, 7, 181-204, 1964

[Archard 1966] Archard J. F., Hirst W.: The wear of materials under lubricated conditions, Proc. Roy. Soc., London, Series A, 236: 71-73, 1958

[Archard 1986] Archard J.: Friction between metal surfaces, Wear, 113, 3-16, 1986

[Asif 1990] Syed Asif S. A., Bismas S. K., Pramila B. N.: Transfer and transitions in dry sliding wear of copper against steel, Scripta Metallurgica et Materialia , 24 (7), 1351 – 1356, 1990

[Balogh 2008] Balogh L., Ungar T., Zhao Y., Zhu Y. T.,Z. Horita, Xu C., Langdon T. G.: Influence of stacking-fault energy on microstructural characteristics of ultrafine-grain copper and copper-zinc alloys, Acta Materialia, 56 (4), 809 – 820, 2008

[Bargel 2005] Bargel H. J.: Werkstoffkunde, VDI-Buch, ed. G. Schulze, Springer-Verlag, Berlin Heidelberg, 2005

[Barth 1973] Barth H., Gervé A., Herkert B., Katzenmeier G. und Rühl E.: Dünnschichtaktivierungen von Maschinenteilen, KfK-Bericht 1783, Kernforschungzentrum Karlsruhe, Karlsruhe,Germany, 1973

[Bartz 1988] Bartz W. J.: Zur Geschichte der Tribologie, Handbuch der Tribologie und Schmierungstechnik, Band 1, expert Verlag, Renningen, 1998

[Bassshuysen 2010] v. Basshuysen R.: Handbuch Verbrennungsmotor, GWV Fachverlage GmbH, Wiesbaden, 2010

[Battez 2007] Hernandez Battez A., Gonzalez R., Felguroso D., Fernandez J. E.: Wear prevention behaviour of nanoparticle suspension under extreme pressure conditions, Wear, 263, 1568 – 1574, 2007

[Battez 2008]   Hernandez Battez A., Gonzalez R.: CuO, ZrO_2 and ZnO nanoparticles as antiwear additive in oil lubricants, Wear, 265, 422 - 428, 2008

[Belin 1987]   Belin M., Mansot J. L., Martin J. M.: Correlation between wear rate and structural data of debris, 14th Leed-Lyon symposium on tribology, Elsevier, Amsterdam, 1987

[Bergmann 2005]   Bergmann, Schaefer: Lehrbuch der Experimentalphysik, Festkörper, Band 6, Walter de Gruyter GmbH & Co. KG., Berlin, 2005

[Berthier 2005]   Berthier Y.: Third-Body Reality – Consequences and Use of the Third-Body Concept to Solve Friction and Wear Problems, Wear – Materials, Mechanisms and Practice, John Wiley & Sons Ltd, 2005

[Bhushan 1997]   Bhushan B.: Contact mechanics of rough surfaces in tribilogy: multi asperity contact, Computer Microtribology and Contamination Laboratory, 4, 1 - 35, 1997

[Binnig 1986]   Binnig G., Quate C. F., Gerber C.: Atomic Force Microscope, Physical Review Letters, 56, S. 930, 1986

[Blau 1991]   Blau P.: Running-in: Art or Engineering?, Journal of Materials Engineering 13 (1), p.47 - 53, 1991

[Blau 2005]   Blau P.: On the nature of running-in, Tribology International, 38, p.1007-1012, 2005

[Bögra 2010]   Bögra Technologie GmbH, Bögra Green Series, Solingen, 2010

[Bowden 1959]   Bowden F. P., Tabor D.: Reibung und Schmierung fester Körper, Springer Verlag, Berlin, Göttingen, Heidelberg, 1959

[Bowden 1964]   Bowden F. P., Tabor D.: The Friction and Lubrication of Solids, Part 2, Oxford University Press, 1964

[Bruice 2007]   Bruice P. Y.: Organische Chemie, Pearson Studium, 2011

[Bushby 2011]   Bushby A. J., Kenneth M., Young R. D., Pinali C., Knupp C., Quantock A. J.: Imaging three-dimensional tissue architectures by focused ion beam scanning electron microscopy, Nature Protocols 6, 845 - 858, 2011

[Cocks 1962]   Cocks M.: Interaction of sliding metal surfaces, Journal of Applied Physics, Vol. 33, 2152 - 2161, 1962

[Czichos 2010]   Czichos H.: Tribologie-Handbuch: Tribometrie, Tribomaterialien, Tribotechnik, Vieweg+Teubner Verlag, 2010

[Dienwiebel 2007]   Dienwiebel M., Pöhlmann K.: Nanoscale Evolution of Sliding Metal Surfaces During Running-in, Tribology Letters 27, 255 - 260, 2007

[Dienwiebel 2007]   Dienwiebel M., Scherge M.: Nanotribology in Automotive Industry, Fundamentals in friction and wear on the Nanoscale, Springer-Verlag Berlin Heidelberg, 549 - 560, 2007

[DIN 2000]   DIN EN ISO 683-17: Für eine Wärmebehandlung bestimmte Stähle, legierte Stähle und Automatenstähle: Teil 17 Wälzlagerstähle, Beuth Verlag, Berlin, 2000

[Doerner 1986]   Doerner M. F., Nix W. D.: A method for interpreting the data from depth-sensing indentation instruments, J. Mater. Res. 1 (4), 601 - 609, 1986

[Elleuch 2006]   Elleuch K., Elleuch R., Fridrici V., Kapsa P.: Sliding wear transition fort he CW614 brass alloy, Tribology International, 39, 290 – 296, 2006

[Emery 2006a]   Emery Y., Marquet F., Cuche E.: Digital Holographic Microscopy for metrology and dynamical characterization of MEMS and MOEMS, Proc. SPIE Vol. 6168, 2006

[Emery 2006b]   Emery Y.: Messtechnik: 3D-Echtzeitaufnahmen mit nm-Genauigkeit, Mikroproduktion 3/2006, Carl Hanser Verlag München, August 2006

[Emge 2007]   Emge A., Karthikeyan S., Kim HJ., Rigney DA.:The effect of sliding velocity on the tribological behavior of copper, Wear, 263, 614 – 618, 2007

[Emge 2009]   Emge A., Karthikeyan S., Rigney DA.: The effect of sliding veloci-
                     ty and sliding time on nanocrystalline tribolayer development
                     and properties in copper, Wear, 267, 562 – 567, 2009

[Europa 2011]   European Union, Memo/11/440, Brüssel, 2011

[Exner 1996]   Exner H. E., Hourgardy H. P.: Einführung in die quantitative
                     Gefügeanalyse, DGM-Informationsgesellschaft, Oberursel, 1996

[Fink 1967]   Fink M.: Chemische Aktivierung, nicht durch Temperatur, son-
                     dern durch plastische Verformung, als Ursache reibchemischer
                     Reaktionen bei Metallen, Fortschritt-Berichte VDI-Zeitschrift,
                     Reihe 5, Nr.3, 1967

[Flegler 1995]   Flegler S. L., Heckmann J. W., Klomparens K. L.: Elektronenmik-
                     roskopie: Grundlagen, Methoden, Anwendungen, Spektrum
                     Akademischer Verlag, Auflage 1, 1995

[Fontaine 2005]   Fontaine J., Le Mogne T., Loubet J. L., Belin M.: Achieving super-
                     low friction with hydrogenated amorphous carbon: some key
                     requirements, Thin Solid Films 482, 99 - 108, 2005

[Fuchs 2011]   Sicherheitsdatenblatt PAO-8, Fuchs Europe Schmierstoffe
                     GmbH, Mannheim, 2011

[Gabor 1948]   Gabor D.: A new microscopic principle, Nature, 1948

[Garbar 1996]   Garbar I.: Formation and separation of the fragmented surface
                     structure of low-carbon steel and copper under friction, Wear,
                     198 (1-2), 86 – 92, 1996

[Gervé 1972]   Gervé A.: Die wichtigsten Verschleißmeßmethoden der Isoto-
                     pentechnik. Kerntechnik, Isotopentechnik und Chemie, 14 (5), p
                     204 – 209, 1972

[GFT 2002]   Gesellschaft für Tribologie: GfT-Arbeitsblatt 7, Tribologie, Ver-
                     schleiß, Reibung, Definition, Begriffe, Prüfung, Gesellschaft für
                     Tribologie, 2002

[Gianuzzi 2005]   Giannuzzi L. A., Stevie F. A.: Introduction to focused ion beams,
                     Springer Science and Business Media Inc. 2005

[Gleiter 1992]   Gleiter H.: Materials with ultrafine microstructures: retrospectives and perspectives, Nanostructures of Materials, 1,1 - 19, 1992

[Godet 1984]   Godet M.: The third-body approach: a mechanical view of wear, Wear 100, 437 - 452, 1984

[Goto 1988]   Goto H., Ashida M.: Friction and wear of 6040 brass during fretting corrosion under various environmental conditions, Tribology International, 21, 183 – 190, 1988

[Greenwood 1966]   Greenwood J. A., Williamson J. B. P.: Contact of nominally flat surfaces, Proceedings of the Royal Society of London, Series A, Mathematical and Physical Sciences, 295, 300 - 319, 1966

[Habig 1980]   Habig K.-H.: Verschleiß und Härte von Werkstoffen, Carl Hanser Verlag München Wien, 1980

[Hall 1951]   Hall E. O.: Proc. Phys. Soc. London, Sect. B 64, 747, 1951

[Hassan 1999]   Hassan AM., Al-Dhifi SZS.: Improvement in the wear resistance of brass components by the ball burnishing process, Journal of Materials Processing Technology, 96, 73 – 80, 1999

[Haugstad 2012]   Haugstad G.: Atomic force microscopy: Understanding basic modes and advanced applications, Hoboken NJ, Wiley, 2012

[Heinicke 1984]   Heinicke G.: Tribochemistry, Hanser Verlag, München, 1984

[Hoinkins 2007]   J. Hoinkis, Linder E.: Chemie für Ingenieure, Wiley-VCH Verlag GmbH, 2007

[Hollas 1995]   Hollas J. M.: Moderne Methoden in der Spektroskopie, Vieweg Verlag GmbH, Braunschweig/Wiesbaden, 1995

[Hornbogen 2001]   Hornbogen E., Warlimont H.: Metallkunde – Aufbau und Eigenschaften von Metallen und Legierungen, Springer Verlag, Heidelberg, 2001

[Kaiser 1973]   Kaiser W.: Radioisotopenversuche über den Kolbenring-und Nutenverschleiß in einem Sechszylinderdieselmotor, MTZ, 34 (4), 121 – 128, 1973

[Kanani 2007]   Kanani N.: Moderne Mess- und Prüfverfahren für metallische und andere anorganische Überzüge, Expert Verlag, Renningen, 2007

[Kassman 1993]   Kassman A., Jacobson S.: Surface dmage, adhesion and contact resistance of silver plated copper contacts subjected to fretting motion, Wear, 165, 227 - 230, 1993

[Kato 2010]   Kato H., Sasase M., Suiya N.: Friction-induced ultra-fine and nanocrystalline structures on metal surfaces during sliding, Tribology International, 43 (5-6), 925 – 928, 2010

[Kehrwald 1998]   Kehrwald B.: Einlauf tribologischer Systeme. PhD thesis, University of Karlsruhe, 1998

[Kehrwald 1998]   Kehrwald B.: Untersuchung der Vorgänge in tribologischen Systemen während des Einlaufs, IAVF-Bericht, IAVF, Institut für angewandte Verschleißforschung GmbH,Karlsruhe, Germany, 1998

[Kerridge 1956]   Kerridge M., Lancaster J.: The stages in a process of severe metallic wear, Proc. Roy. Soc., London, Series A, Vol 236, 250 - 264,1956

[Klameki 1980]   Klamecki B.: A thermodynamic model of friction, Wear, 63, 112 - 120, 1980

[Kobs 1990]   K. Kobs, Dimigen H., Denissen C. J. M., Gerritsen E., Politek J. et al.: Friction reduction and zero wear for 52100 bearing steel by highdose implantation of carbon, Applied Physical Letters, 57, 1622, 1990

[Koelzer 2001]   Koelzer W.: Lexikon zur Kernenergie, Karlsruhe Forschungszentrum, Germany, 2001

[Kolbenschmidt 2011]   KS Kolbenschmidt GmbH, Neckarsulm, 2011

[Komvopoulos 1985]   Komvopoulos K., Saka N., Suh N. P.: The Mechanism of Friction in boundary Lubrication, Transactions ASME, Journal of Tribology, Vol. 107, 452 - 463, 1985

[Komvopoulos 2001]   Komvopoulos K., Ye N.: Three-dimensional contact analysis of elastic-plastic layered media with fractal surface topographies, Journal of Tribology, 123, 632 - 640, 2001

[Kong 2003]   Kong X. L., Liu Y. B. Liu, Qiao L.J.: Dry sliding tribological behaviors of nanocrystalline Cu-Zn surface layer after annealing in air, Wear, 256, 747 - 753, 2004

[Korres 2010]   Korres S., Dienwiebel M.: Design and construction of a novel tribometer with on-line topography and wear measurement, Rev. Sci. Instrum., 81, 063904, 2010

[Korres 2011]   Korres S., Feser T., Dienwiebel M.: In-situ observation of wear particle formation on lubricated sliding surfaces, Acta Materialia, 60, 420 - 429, 2011

[Korres 2013]   Korres S.: On-Line Topographic Measurements of Lubricated Metallic Sliding Surfaces, Dissertation, KIT Scientific Publishing, Karlsruhe, 2013

[Krause 1966]   Krause H.: Mechanisch-chemische Reaktion bei der Abnutzung vonSt60, V2A und Manganhartstahl, Diss. RWTH Aachen, 1966

[Kupfer 1966]   Deutsches Kupfer Institut e.V.: Kupfer-Zink-Legierungen: Messing und Sondermessing, Berliner Buchbinderei Wübben+Co., Berlin 1966

[Kupfer 2007]   Deutsches Kupferinstitut: Kupfer-Zink-Legierungen (Messing und Sondermessing), Auflage 3, 2007

[Kuzmany 2011]   Kuzmany H.: Festkörperspektroskopie: Eine Einführung, SpringerLondon, Limited, 2011

[Lang 1975]   Lang O. R.: Gleitlager-Ermüdung unter dynamischer Last, VDI Berichte 248, 57 - 67, 1975

[Liu 1964]   Liu T.: Sliding friction of copper, Wear, 7 (2), 163 – 174, 1964

[Lubarski 1976]   Lubarsky I. M., Palatnik L. S.: Physics of Metal Friction,, 176 pp. (Metallurgiya, Moscow), 1976

[Lui 1975]	Lui J. Y., Taillian T. E., McCool J. I.: Dependence of bearing fatigue life on film thickness to surface roughness ratio, Trans. ASME 18, No.2, 144 - 152, 1975
[Lüth 2010]	Lüth H.: Solid surfaces, Interfaces and Thin Films, fifth edition, Springer-Verlag Berlin Heidelberg, 2010
[Lyncée 2012]	Lyncée Tec SA, Schweiz: User Operating Manual Software Koala V4, 2012
[Machleidt 2012]	Machleidt T., Kollhoff D., Dante O.: Nutzung von Farbkameras für die 3D-Oberflächenmessung mittels Weißlichtinterferometrie, 16. GMA/ITG-Fachtagung Sensoren und Messsysteme, 2012
[Majumdar 1990]	Majumdar A., Tien C. L.: Fractal characterization and simulation of rough surfaces, Wear, 136, 313 - 327, 1990
[Marui 2001]	Marui E., Endo H.: Effect of reciprocating and unidirectional sliding motion on the friction and wear of copper and steel, Wear, 249 (7), 582 – 591, 2001
[Mindivan 2003]	Mindivan H., Cimenoglu H., Kayali E.: Microsrtructures and wear properties of brass synchronizer rings, Wear, 254, 532 – 537, 2003
[Mishra 2007]	Mishra A., Kad B., Gregory F., Meyers M.: Microstructural evolution in copper subjected to severe plastic deformation: experimental and analysis, Acta Materialia, 55, 13 – 28, 2007
[Moshkovich 2010]	Moshkovich A., Perfilyev V., Bendikov T., Lapsker I., Cohen H., Rapoport L.: Structural evolution in copper layers during sliding under different lubricant conditions, Acta Materialia, 58, 4685 - 4692, 2010
[Moshkovich 2011]	Moshkovich A., Perfilyev V., Lapsker I., Gorni D., Rapoport L.: The effect of grain size on stick-slip behavior and microstructure of copper under friction in the steady friction state, Tribology Letters, 42 (10), 89 – 98, 2011
[Oberle 1951]	Oberle T. L.: Properties influencing wear of metals, Journal of Metals 3, 438, 1951

[Oliver 2004]   Oliver W. C., Pharr G.M.: Measurement of hardness and elastic modulus by instrumented indentation: Advances in understanding and refinements to methodology, Journal of Materials Research, Vol. 19, No. 1, 2004

[Panagopoulos 2012]   Panagopoulos C. N., Georgiou E. P., Simeonidis K.: Lubricated wear behavior of leaded $\alpha+\beta$ brass, Tribology International, 50, 1 - 5, 2012

[Pandey 1998]   Pandey J. P., Prasad B. K.: Sliding wear response of a zinc-based alloy compared to a coppe-based alloy, Metallurgical and Materials Transactions, 29, 1245 – 1255, 1998

[Paretkar 1996]   Paretkar R. K., Modak J. P., Ramarao A. V.: An approximate generalized experimental model for dry sliding adhesive wear of some single-phase copper-base alloys, Wear, 197, 17 - 37, 1996

[Persson 2002a]   Persson B. N. J.: Adhesion between elastic bodies with randomly rough surfaces, Physical Review Letters 92, 245502, 2002

[Persson 2002b]   Persson B. N. J., Bucher F., Chaia B.: Elastic contact between randomly rough surfaces: comparison of theory with numerical results, Physical Review B 70, 184106, 2002

[Persson 2005]   Persson B. N. J., Albohr O., Tartaglino U., Volotkin A. I., Tosatti E.: On the nature of surface roughness with applicazion to contact mechanics, sealing, rubber friction and adhesion, Journal of Physics: Condensed Matter, 17, R1-R62, 2005

[Petch 1953]   Petch N. J., Iron Steel Inst., London 174, 25, 1953

[Pigors 1993]   Pigors O.: Werkstoffe in der Tribotechnik: Reibung, Schmierung und Verschleißbeständigkeit von Werkstoffen und Bauteilen, Deutscher Verlag für Grundstoffindustrie, Leipzig, 1993

[Podgornik 2004]   Podgornik B., Hren D., Vizintin J.: Low-friction behaviour of boundary-lubricated diamond-like carbon coatings containing tungsten, Thin Solid Films, 476, 92 - 100, 2004

[Postnikov 1966]   Postnikov V.J.: Survey of the use of radioactive tracers in industry (SM-84/1),In: Radioisotope Tracers in Industry and Geophysics, Proceedings of a Symposium, Prague, 21-25 November 1966, International Atomic Energy Agency, Vienna, 1967

[Rabinowicz 1965]   Rabinowicz E.: Friction and wear of materials, John Wiley and Sons, Inc., New York, London, Sydney, 1965

[Rapoport 2009]   Rapoport L.: Steady friction state and contactmodels of asperity interaction, Wear, 267, 1305 - 1310, 2009

[Reynolds 1886]   Reynolds O.: On the theory of lubrication and its application to Mr. Beauchamp Tower's experiments, including an experimental determination of the viscosity of olive oil, Philosophical Transactions of the Royal Society of London, 177, 157 - 234, 1886

[Richardson 1968]   Richardson R. C. D.: The wear of metals by relatively soft abrasives, Wear, 11, 265 1968

[Rigney 1984]   Rigney D., Chen L., Naylor M.: Wear processes in sliding systems, Wear, 100, 195 - 219, 1984

[Rigney 2000]   Rigney D. A.: Transfer, mixing and associated chemical and mechanical processes during the sliding of ductile materials, Wear, 245, S. 1 - 9, 2000

[Roos 2008]   Roos E., Maile K.: Werkstoffkunde für Ingenieure: Grundlagen, Anwendung, Prüfung, Springer-Verlag, 2008

[Sadykov 1999]   Sadykov F. A., Barykin N. P., Aslanyan I. R.: Wear of copper and its alloys with submicrocrystalline structure, Wear, 225, 649 - 655, 1999

[Sasada 1979]   Sasada T., Norose S., Mishina H.: The Behaviour of Adhered Fragments Interposed between Sliding Surfaces and the Formation Process of Wear Particles, Proc. Int. Conf. On Wear of Materials, Dearborn, Michigan, 1979

[Scharf 2013]   Scharf T. W., Prasad S. V.: Solid lubricants: a review, Journal of Material Science, 48, 511 – 531, 2013

[Scherge 2002]   Scherge M., Pöhlmann K., Gervé A.: Wear Measurement using Radio-Nuclide-Technique (RNT), Special ISSUE of WEAR 280. WE Heraeus Seminar Integrating Friction and Wear Research May 27 – 29, 2002

[Scherge 2003a]   Scherge M., Pöhlmann K., Gervè A.: Wear measurement using radionuclide-technique (RNT), Wear, 254, 801 - 817, 2003

[Scherge 2003b]   Scherge M., Shakhvorostov D., Pöhlmann K.: Fundamental wear mechanism of metals, Wear, 255, 395 - 400, 2003

[Scherge 2004]   Scherge M., Pöhlmann K.: Verschleißmechanismen bei moderater und extremer Grenzreibung, Materialwissenschaften und Werkstofftechnik 35, S. 610 – 613, Wiley-VCH, Weinheim, 2004

[Scherge 2009]   Scherge M.,Dienwiebel M.: Vorlesungsunterlagen Tribologie A/B, Karlsruher Institut für Technologie, 2009/2010

[Schiotz 1998]   Schiotz J., Di Tolla F. D., Jacobsen K. W., Nature 391, 561, 1998

[Schumann 2005]   Schumann H., Oettel H.: Metallografie, Wiley-VCH Verlag, Weinheim, 2005

[Schüßler 1970]   Schüßler J.: Aktivierungsanalytische Spezialmethoden: Dünnschichtdifferenzverfahren, Isotopentechnik im Maschinenbau, 6 (3), p 49, 1970

[Seidel 2007]   Seidel W.: Werkstofftechnik: Werkstoffe-Eigenschaften-Prüfung-Anwendung, Carl Hanser Verlag München, 2007

[Shakhvorostov 2003] Shakhvorostov D., Pöhlmann K., Scherge M.: Zum Einlaufverhalten geschmierter metallischer Kontakte, GfT Jahrestagung, 2003

[Shakhvorostov 2004] Shakhvorostov D., Pöhlmann K., Scherge M.: An energetic approach to friction, wear and temperature, Wear, 257, 124 - 130, 2004

[Shakhvorostov 2006] Shakhvorostov D., Pöhlmann K., Scherge M.: Structure and mechanical properties of tribologically induced nanolayers, Wear, 260, 433 - 437, 2006

[Shirong 1999]   Shirong G., Gouan C.: Fractal prediction models of sliding wear during the running-in process, Wear, 231, 249 - 255, 1999

[Sikorski 1964]   Sikorski M. E.: The adhesion of metals and factors that influence it, Wear, 7, 144 - 162, 1964

[Skoog 1996]   Skoog D. A., Leary J. J.: Instrumentelle Analytik: Grundlagen, Geräte, Anwendungen, Springer Verlag, Berlin/Heidelberg, 1996

[Sommer 2010]   Sommer K., Heinz R., Schöfer J.: Verschleiß metallischer Werkstoffe, Vieweg+Teubner Verlag, 2010

[Spencer 1987]   Spencer M. S.: α-brass formation in copper/zinc oxide catalysts: III. Surface segregation of zinc in α-brass, Surface Science, Volume 192, Issues 2-3, 336 - 343, 1987

[Stachowiak 2004]   Stachowiak G. W., Batchelor A. W.: Experimental Methods in Tribology, Tribology and Interface Engineering, Band 44, Elsevier, 2004

[Stachowiak 2005]   Stachowiak G. W., Batchelor A. W.: Engineering Tribology, Third Edition, Elsevier Butterworth-Heinemann, 2005

[Strauss 2011]   Strauss H. W., Chromik R. R., Hassani S., Klemberg-Sapieha E.: In situ tribology of nanaocomposite Ti-Si-C-H coatings prepared by PE-CVD, Wear, 272, 133 - 148, 2011

[Stribeck 1902]   Stribeck R.: Die wesentlichen Eigenschaften der Gleit- und Rollenlager, VDI, Vol. 46, Seite 38 ff, 1341 - 1348, 1902

[Su 2007]   Feng-hua Su, Zhao-zhu Zhang, Wei-min Liu: Friction and wear behavior of hybrid glass/PTFE fabric composite reinforced with surface modified nanometer ZnO, Wear, 265, 311 - 318, 2007

[Suh 1977]   Suh N. P.: An overview of the delamination theory of wear, Wear, 44, 1 - 16, 1977

[Sundaram 2012]   Sundaram N. K., Guo Y., Chandreskar S.: Mesoscale Folding, Instability and Disruption of Laminar Flow in Metal Surfaces, Physical Review Letters, 109, 106001, 2012

[Sundberg 1987]   Sundberg M., Sundberg R., Hogmark S., Otterberg R., Lehtinen B., Hörnström S. E., Karlsson S. E.: Metallographic aspects on wear of special brass, Wear, 115, 151 - 165, 1987

[Sur 2006]   Surface Imaging Systems Rastersonden- und Sensormesstechnik GmbH, 52134 Herzogenrath, Benutzerhandbuch ULTRAObjective, Version 1.1g, 2006

[Taga 1975]   Taga Y., Nakajima K.: Friction and wear of Cu-Zn alloys against stainless steel, Wear, 37, 365 - 375, 1975

[Tetra 2009]   Tetra Gesellschaft für Sensorik, Robotik und Automation mbH, Illmenau, Bedienungsanleitung Positioniertisch PPS-200, 2009

[Tiede 2007]   Tiede A.: Bedienungsanleitung Meßsystem für RTM-Verschleißmessungen nach dem Konzentrationsmessverfahren, ZAG Zyklotron AG, Eggenstein-Leopoldshafen, 2007

[Tiede 2009]   Tiede A.: Bedienungsanleitung Meßsystem für RTM-Verschleißmessungen nach dem Konzentrationsmessverfahren, ZAG Zyklotron AG, Eggenstein-Leopoldshafen, 2009

[Uetz 1978]   Uetz H., Fohl J.: Wear as an energy transformation problem, Wear, 49, 253 - 264, 1978

[VanLandingham 2003]   VanLandingham M. R.: Review of Instrumented Indentation, Journal of Research of the National Institute of Standards and Technology 108 (4), 249 - 265, 2003

[Vogelpohl 1958]   Vogelpohl G.: Betriebssichere Gleitlager, Springer Verlag Berlin, Göttingen, Heidelberg, 1958

[Volkert 2007]   Volkert C. A., Minor A. M.: Focused Ion Beam and Micromachining, MRS Bulletin 32, 389 - 399, 2007

[Volz 1977]   Volz J.: Anwendung der Radionuklidtechnik (RNT) zur Optimierung des Betriebs tribologischer Systeme, Proc. 2nd Europ. Tribology Congress, Düsseldorf, October 1977, GfT e.V., Duisburg, Germany, 1977

[Warren 1995]   Warren T. L., Krajcinovic D.: Fractal models of elastic-perfectly plastic contact of rough surfaces based on Cantor, International Journal of Solids and Structures, 32, 2907 - 2922, 1995

[Watts 2003]   Watts J. F., Wolstenholme J.: An introduction to surface analy-
                      sis by XPS and AES, Wiley, New York, Weinheim, 2003

[Zabinski 2000]   Zabinski J. S., Sanders J. H., Nainaparampil J., Prasad S. V.: Lu-
                      brication using microstructurally engineered oxide: perfor-
                      mance and mechanisms, Tribology Letters, 8, 103 – 116, 2000

[Zhang 2006]   Zhang YS., Han Z., Wang K., Lu K.: Friction and wear of nano-
                      crystalline surface layer of pure copper, Wear, 260, 942 – 948,
                      2006

[Zijlstra 2000]   Zijlstra T., Heimberg J. A., van der Drift E., Glastra van Loon D.,
                      Dienwiebel M., Frenken L. E. M.: Fabrication of a novel scan-
                      ning probe device for quantitative nanotribology, Sensor. Actu-
                      at. A: Phys., 84(1-2):18 - 24, 2000

[Zum Gahr 1987]   Zum Gahr K.-H.: Microstructure and wear of materials, Trib.
                      Ser. 10, Elsevier, Amsterdam, 1987

[Zum Gahr 1992]   Zum Gahr K.-H.: Reibung und Verschleiß: Ursachen-Arten-
                      Mechanismen, Aus: Reibung und Verschleiß, DGM Informati-
                      onsgesellschaft, Oberursel, 3 - 14, Herausgeber: H. Grewe,
                      1992

Anhang

Tabellen aller durchgeführten Versuche mit Prüfbedingungen

Alle Reibversuche wurden mit Messingplatten gegen Stifte aus 100Cr6 unter geschmierten Bedingungen mit PAO-8 durchgeführt.

CuZn5

Versuch	Kontaktfläche Stift [mm²]	F_N [N]	Druck [MPa]	Geschwindigkeit [mm/s]	v/p [mm³/Ns]
Linie_001	2	3	1,5	20	13,33
Linie_002	2,1	6,3	3	20	6,66
Linie_003	2,19	6,59	3	10	3,33
Linie_004	2,14	4,28	2	10	5
Linie_005	2,41	7,25	3	10	3,33
Linie_006	1,98	3,97	2	10	5
Linie_007	2,06	2,06	1	10	10
Linie_008	1,89	7,58	4	10	2,5
Linie_009	1,33	4,69	3,5	10	2,86
Linie_010	2,33	7,02	3	20	6,67
Linie_011	3,7	6,5	1,75	20	11,43
Linie_012	3,04	6,09	2	20	10
Linie_013	2,43	6,09	2,5	20	8
Linie_014	2,12	5,83	2,75	20	7,27
Linie_015	2,2	5,52	2,5	20	8
Linie_016	2,224	5,01	2,25	15	6,67
Linie_017	2,69	6,05	2,25	15	6,67
Linie_018	2,03	5,6	2,75	20	7,27
Linie_019	1,99	5,49	2,75	20	7,27
Linie_020	2,39	6,5	2,71	20	7,37
Linie_021	2,36	6,4	2,71	20	7,38
Linie_022	2,59	7	2,7	20	7,4
Linie_023	2,08	5,65	2,7	20	7,39
Linie_024	2,799	7,55	2,71	20	7,39
Linie_025	2,7	7,32	2,71	20	7,39
Linie_026	2,366	6,38	2,7	20	7,391
Linie_027	2,18	5,9	2,7	20	7,39
Linie_028	2,16	5,9	2,73	20	7,33
Linie_029	2,02	5,5	2,71	20	7,37
Linie_030	2,78	7,5	2,69	20	7,43

CuZn10

Versuch	Kontaktfläche Stift [mm²]	F_N [N]	Druck [MPa]	Geschwindigkeit [mm/s]	v/p [mm³/Ns]
Linie_051	2,07	5,6	2,71	20	7,38
Linie_052	3,86	10	2,58	20	7,72
Linie_053	3,86	8	2,07	20	9,66
Linie_054	2,8	5,5	1,96	20	10,19
Linie_055	2,18	9	4,13	20	4,84
Linie_056	3,69	5	1,35	20	14,78
Linie_057	3,12	4	1,28	20	15,6
Linie_058	3,47	4,7	1,36	20	14,75
Linie_059	3,23	3,3	1,02	20	19,61
Linie_060	3,35	3,5	1,04	20	19,16
Linie_061	3,05	1,5	0,49	20	40,68
Linie_062	2,93	3	1,02	20	19,53
Linie_063	3,08	5	1,62	20	12,32
Linie_064	3,86	2,75	0,71	20	28,06
Linie_065	3,27	2,4	0,73	20	27,21
Linie_066	3,66	2,4	0,66	20	30,47
Linie_067	3,18	2	0,63	20	31,78
Linie_068	3,02	8,6	2,85	20	7,02
Linie_069	2,93	6	2,05	20	9,76
Linie_070	2,91	6,5	2,23	20	8,95
Linie_071	3,07	9	2,93	20	6,82
Linie_072	3,61	8	2,21	20	9,05
Linie_073	3,44	10,2	2,96	20	6,75
Linie_074	3,68	9	2,45	20	8,16
Linie_075	2,04	5,8	2,84	20	7,05
Linie_076	3,31	6,8	2,05	20	9,74
Linie_077	2,69	10,8	4,02	20	4,98
Linie_078	2,55	9	3,53	20	5,67
Linie_079	2,39	10,3	4,31	20	4,64
Linie_080	2,11	9,6	4,54	20	4,4
Linie_081	2,97	11	3,71	20	5,39
Linie_082	2,42	9,55	3,95	20	5,07
Linie_083	3,28	12,1	3,69	20	5,42
Linie_084	3,3	8,5	2,57	20	7,77
Linie_085	3,45	10,3	2,99	20	6,69
Linie_086	2,12	8,09	3,81	20	5,25
Linie_087	3,29	10,5	3,2	20	6,24
Linie_088	3,62	8,6	2,37	20	8,42
Linie_009	2,66	6,3	2,37	20	8,44
Linie_090	2,57	4,5	1,75	20	11,43
Linie_091	2,4	5,8	2,41	20	8,29
Linie_092	2,22	5,1	2,29	20	8,71
Linie_093	2,59	6,9	2,66	20	7,51
Linie_094	2,39	6	2,5	20	7,99
Linie_095	2,53	6,2	2,45	20	8,16

Linie_096	2,52	6,5	2,58	20	7,76
Linie_097	2,45	6	2,45	20	8,16
Linie_098	2,36	5,8	2,46	20	8,13
Linie_099	4,09	10,5	2,57	20	7,79
Linie_100	3,65	9	2,47	20	8,1

CuZn15

Versuch	Kontaktfläche Stift [mm²]	F_N [N]	Druck [MPa]	Geschwindigkeit [mm/s]	v/p [mm³/Ns]
Linie_101	3,7	9	2,43	20	8,23
Linie_102	4,42	11,5	2,59	20	7,69
Linie_103	4,05	11,5	2,84	20	7,05
Linie_104	3,69	10	2,7	20	7,39
Linie_105	4,1	9	2,19	20	9,1
Linie_106	4,07	8,2	2,01	20	9,93
Linie_107	3,91	7	1,78	20	11,18
Linie_108	3,99	8,1	2,03	20	9,87

CuZn20

Versuch	Kontaktfläche Stift [mm²]	F_N [N]	Druck [MPa]	Geschwindigkeit [mm/s]	v/p [mm³/Ns]
Linie_031	2,35	6,6	2,8	20	7,13
Linie_032	2,38	6,7	2,81	20	7,12
Linie_033	1,75	7	4	20	4,99
Linie_034	2,87	6,3	2,19	20	9,11
Linie_035	2,08	6,5	3,12	20	6,41
Linie_036	1,88	6,2	3,3	20	6,06
Linie_037	1,26	9	7,17	20	2,79
Linie_038	1,02	8,5	8,35	20	2,39
Linie_039	1,24	18	14,47	20	1,38
Linie_040	1,58	14	8,88	20	2,25
Linie_041	1,6	17	10,59	20	1,89
Linie_042	2,09	17	8,1	10	1,23
Linie_043	1,41	17	12,02	10	0,83
Linie_044	1,43	14	9,8	10	1,02
Linie_045	2,	16	7,97	10	1,25
Linie_046	1,79	12	6,69	10	1,49
Linie_047	2,89	14,5	5	40	7,99
Linie_048	2,48	14	5,65	25	4,42
Linie_049	2,55	14	5,49	25	4,55
Linie_050	2,31	11	4,76	25	5,25

CuZn36

Versuch	Kontaktfläche Stift [mm²]	F_N [N]	Druck [MPa]	Geschwindigkeit [mm/s]	v/p [mm³/Ns]
Linie_109	3,63	9	2,48	20	8,08
Linie_110	3,63	8,3	2,29	20	8,74
Linie_111	4	8,5	2,12	20	9,42
Linie_112	3	8,5	2,83	20	7,08
Linie_113	2,61	8,1	3,1	20	6,44
Linie_114	1,75	8,7	4,97	20	4,03
Linie_115	3,87	7	1,81	20	11,06
Linie_116	2,9	8,7	2,99	20	6,67
Linie_117	3,06	8,3	2,71	20	7,38
Linie_118	2,23	7,85	3,52	20	5,68
Linie_119	2,61	8,5	3,25	20	6,15
Linie_120	3,11	9,5	3,05	20	6,55
Linie_121	2,69	8,3	3,08	20	6,49
Linie_122	2,88	9	3,12	20	6,41
Linie_123	3,03	8,2	2,71	20	7,38

CuZn5 RNT-Messungen

Versuch	Kontaktfläche Stift [mm²]	F_N [N]	Druck [MPa]	Geschwindigkeit [mm/s]	v/p [mm³/Ns]
CuZn5-RNT1	2,49	6,7	2,97	20	7,4
CuZn5-RNT2	2,519	6,7	2,67	20	7,49
CuZn5-RNT3	2,15	5,4	2,51	20	7,96
CuZn5-RNT5	3,05	8,3	2,72	20	7,34
CuZn5-RNT6	2,43	6,8	2,79	20	7,15
CuZn5-RNT7	3,28	8,9	2,71	20	7,38
CuZn5-RNT8	2,93	7,8	2,66	20	7,52
CuZn5-RNT9	3,42	10,4	3,04	20	6,58
CuZn5-RNT10	2,67	5,7	2,13	20	9,38
CuZn5-RNT11	3,167	7,7	2,43	20	8,2
CuZn5-RNT12	3,14	8	2,55	20	7,84

Diese Arbeit basiert teilweise auf folgenden Veröffentlichungen:

T. Feser, P. Stoyanov, F. Mohr, M. Dienwiebel: The running-in mechanisms of binary brass studied by in-situ topography measurements, Wear, Band 303, Seiten 465-472 (2013)

T. Feser, M. Dienwiebel: The friction and wear mechanisms of lubricated binary α-brass alloys during running-in studied by in situ tribometry, submitted to Advances in Tribology

Weitere Veröffentlichungen:

S. Korres, T.Feser, M. Dienwiebel: In situ observation of wear particle formation on lubricated sliding surfaces, Acta Materialia, Band 60, Seiten 420-429 (2011)

S. Korres, T. Feser, M. Dienwiebel: A new approach to link the friction coefficient with topography measurements during plowing, Wear, Band 303, Seiten 202-210 (2013)

Schriftenreihe
des Instituts für Angewandte Materialien

ISSN 2192-9963

Die Bände sind unter www.ksp.kit.edu als PDF frei verfügbar
oder als Druckausgabe bestellbar.